Wolfram Henn

Warum Frauen nicht schwach, Schwarze nicht dumm und Behinderte nicht arm dran sind

HERDER spektrum

Band 5479

Das Buch

Unsere Gene verhalten sich wilder und unberechenbarer als wir wahrhaben wollen. Sie sind nur sehr beschränkt manipulierbar – und das ist gut so. Der Humangenetiker Wolfram Henn erklärt nicht nur, was wir alles den Genen verdanken – von unseren körperlichen oder geistigen Besonderheiten, auf die wir stolz sind, bis zu manchen Schwächen und Krankheiten. Er macht auch deutlich, dass vieles, was wir als genetisches Anderssein erleben, seinen natürlichen Sinn hat: Rassismus und Sexismus sind biologischer Unsinn.

Vor allem sind wir nicht die Sklaven unserer Gene, denn nicht alles, was wir sind, wird durch sie festgelegt: So gibt es weder ein Gen für Intelligenz noch ein Gen für Homosexualität. Und doch ist klar, dass weder das eine noch das andere bloß „erlernt" ist.

Henn macht deutlich, dass viele Hoffnungen und Ängste, die mit der Gentechnik verbunden sind, schon durch die „Natur der Gene" nicht Realität werden. Was wir aus dem neuen Wissen lernen können, ist vor allem Toleranz: Wir alle sind genetisch unvollkommen, und unsere Welt wäre ärmer, wenn es nicht so wäre.

Ein spannendes Buch mit einer neuen, menschlichen Sicht auf die Möglichkeiten der Gentechnik.

Der Autor

Wolfram Henn, geboren 1961. Facharzt für Humangenetik mit Arbeitsschwerpunkt genetische Familienberatung. Professor für Humangenetik und Ethik in der Medizin an der Universität des Saarlandes. Mitglied der Kommission für Grundpositionen und ethische Fragen der Deutschen Gesellschaft für Humangenetik; Koordinator der Arbeitsgruppe „Reproduktionsmedizin und Embryonenschutz" in der Akademie für Ethik in der Medizin; Mitglied des Kuratoriums der Evangelischen Akademie der Pfalz.

Wolfram Henn

Warum Frauen nicht schwach, Schwarze nicht dumm und Behinderte nicht arm dran sind

Der Mythos von den guten Genen

HERDER

FREIBURG · BASEL · WIEN

Gedruckt auf umweltfreundlichem, chlorfrei gebleichtem Papier

Originalausgabe

Alle Rechte vorbehalten – Printed in Germany
© Verlag Herder Freiburg im Breisgau 2004
www.herder.de
Herstellung: fgb · freiburger graphische betriebe 2004
www.fgb.de
Umschlaggestaltung und Konzeption: R·M·E München / Roland Eschl-
beck, Liana Tuchel
Umschlagfoto: © Getty images
ISBN 3-451-05479-5

Inhalt

Brauchen wir ein neues Menschenbild?[1]

„Worte und Bilder bestimmen unser Denken. Entscheidend ist, dass sie uns helfen zu lernen. Was wir zu lernen haben, ist so schwer und doch so einfach und klar: Es ist normal, verschieden zu sein." Richard von Weizsäcker, 1993

Wir sind auf dem Weg vom Atomzeitalter ins Genomzeitalter.

Nach der Entschlüsselung des menschlichen Erbgutes steht die Biologie vor den gleichen ethischen Fragen wie die Physik nach der Kernspaltung: Wir wissen, dass wir mehr können, als wir dürfen. Damit liegt die Entscheidung, wie wir unser Wissen anwenden sollen, nicht mehr bei den Wissenschaftlern allein.

In der ihr zugemessenen gesellschaftlichen Bedeutung hat die Genetik während des letzten Jahrzehntes der Atomphysik den Rang abgelaufen, dies zeigt schon die ständige Präsenz dieser Thematik in den Massenmedien. Das liegt zum einen an der enormen Geschwindigkeit des Wissenszuwachses auf diesem Gebiet. Zum anderen aber vor allem aber an der Tatsache, dass der Mensch zugleich Subjekt und Objekt genetischer Forschung ist. Deren Ergebnisse können folglich als naturwissenschaftliche Form von Selbsterkenntnis verstanden werden.

In der Öffentlichkeit werden neue Entdeckungen in der Biomedizin zumeist entweder mit Euphorie oder mit Abscheu betrachtet. Zwischen den verbreiteten, emotional aufgeladenen Szenarien vom Sieg über die Geißeln der Mensch-

---

[1] Mit Dank an meine Familie für ihre Geduld und Unterstützung.

heit oder dem Weg ins Verderben findet sich nur selten die eigentlich gebotene Gelassenheit im Bewusstsein, dass wir uns der Macht des Machbaren nicht unterwerfen müssen, wenn wir es nicht wollen.

Naturwissenschaftliche Fakten haben von sich aus keine moralische Dimension, wohl aber deren Interpretation. Gerade in einer pluralistischen Gesellschaft ohne allgemein verbindliche moralische Autoritäten wie der unseren können sie sogar selbst als ethisches Regulativ wirken, nämlich dann, wenn sie intuitiv gute Verhaltensweisen auch als sachlich vernünftig beweisen. Denjenigen, der sich um Moral nicht kümmert, mag zwar die Mahnung nicht abschrecken, dass sein Verhalten böse sei, wohl aber die sachlich begründete Erkenntnis, dass es ihm selbst schadet oder zumindest nicht nützt.

Auf die Frage, ob wir für das Atomzeitalter ein neues Weltbild brauchen, gab es viele Antworten, die sich etwa bei Hans Jonas im „Prinzip Verantwortung" verdichteten.

Brauchen wir nun für das Genomzeitalter auch ein neues Menschenbild?

Wir müssten unser Selbstverständnis als Menschen und unseren Umgang miteinander nur dann neu gestalten, wenn die moderne Biologie und Genetik nicht nur neue Möglichkeiten des Handelns eröffnet, sondern *moralisch relevante* neue Erkenntnisse über uns selbst erbracht hätte. Mit diesem Buch möchte ich zu überprüfen versuchen, ob dies der Fall ist.

Es geht dabei um vier Themenkreise, die sich auf unsere Toleranz gegenüber biologischer Verschiedenheit beziehen, nämlich darauf, wie wir mit Lebewesen anderer Arten, mit anderen Völkern, mit dem anderen Geschlecht und mit dem gesundheitlich Anderen umgehen.

Kapitel 1

Der Mensch – Krone der Schöpfung?

„Das Wesentliche an der Existenz des Menschen ist ja, dass er sich über das Tierreich und seine instinktive Anpassung erhoben hat, dass er die Natur transzendiert hat, wenn er sie auch nie ganz verlässt. Er ist ein Teil von ihr und kann doch nicht in sie zurückkehren, nachdem er sich einmal von ihr losgerissen hat.“ Erich Fromm, 1956[2]

Schon immer hat die Menschheit naturwissenschaftliche Erkenntnisse mit Argwohn betrachtet, wenn diese gewohnten Vorstellungen widersprachen, und von der Entdeckung solch unbequemer Tatsachen bis zu ihrer Einordnung in unser Weltbild kann es Jahrhunderte dauern. Die Erkenntnis, dass die Erde nicht der Mittelpunkt des Universums ist, kostete Giordano Bruno das Leben und Galileo Galilei die Karriere als Wissenschaftler. Charles Darwins Optimismus, dass widerlegte wissenschaftliche Anschauungen zwar hartnäckig, aber kurzlebig seien, war wohl einer seiner größten Irrtümer[3]. Seine für ihn selbst schmerzliche Einsicht, dass der Mensch keinen vom Tierreich losgelösten Sonderstatus in der Hierarchie der Arten genießt[4], ist noch heute ein Stein des An-

---

[2] E. Fromm: Die Theorie der Liebe. In: Die Kunst des Liebens.

[3] „Groß ist die Macht der beharrlichen Täuschung; aber zum Glück zeigt die Geschichte der Wissenschaft, dass diese Macht nicht lange währt.“ C. Darwin, 1859. In: On the Origin of Species.

[4] „Der Mensch – der wunderbare Mensch, mit göttlichem Antlitz, zum Himmel gewandt, er ist keine Gottheit, sein Ende in seiner gegenwärtigen Form wird kommen … er ist keine Ausnahme. Er besitzt einige der gleichen allgemeinen Instinkte und Gefühle wie Tiere.“ C. Darwin, Tagebuch, März 1838.

stoßes, auch in Gesellschaften, die sich selbst für aufgeklärt halten. Dass noch im Jahre 1999 im amerikanischen Bundesstaat Kansas die Evolutionstheorie unter dem Druck fundamentalreligiöser „Kreationisten" aus dem Stoffkatalog des Biologieunterrichtes verbannt wurde, macht deutlich, wie weit noch heute der Weg vom wissenschaftlichen Erkennen einer Wahrheit bis zu ihrer Einordnung in unser Selbstbild sein kann.

Dabei wird schon im Text der Bibel die Stellung des Menschen in der Schöpfung aus unterschiedlichen Blickwinkeln betrachtet. Im ersten Kapitel der Genesis wird die Erschaffung des Menschen als Ebenbild Gottes getrennt von den anderen Schöpfungsakten beschrieben[5]. Aus dem zweiten Kapitel dagegen geht hervor, dass Adam – wie schon sein Name sagt – von Gott aus der gleichen Erde geformt wurde wie die Bäume[6]. Die Theologie scheint sich bis in die Gegenwart hinein besser mit der ersten Formulierung angefreundet zu haben[7].

Man mag es also als eine Ironie der Geschichte empfinden, dass die Ursprünge der modernen Genetik auf kirchlichem Boden wurzeln: In seinem Klostergarten in Brünn konnte der Augustinermönch Johann Gregor Mendel beweisen, dass die Weitergabe erblicher Merkmale bei Pflanzen berechenbaren Gesetzmäßigkeiten folgt. Mendel war sich der Tatsache wohl bewusst, dass seine Vererbungstheorie auch auf die Entwicklungsgeschichte der Lebewesen anwendbar war[8]. Obwohl er

---

[5] „Gott schuf also den Menschen als sein Abbild." Gen. 1, 27.
[6] „Da formte Gott, der Herr, den Menschen aus Erde vom Ackerboden und blies in seine Nase den Lebensatem." Gen. 2, 7; „Gott, der Herr, ließ aus dem Ackerboden allerlei Bäume wachsen." Gen. 2, 9.
[7] „Durch die Erschaffung des Menschen als Gottes Ebenbild ... wird der Mensch als Krone und Herr der Schöpfung herausgehoben." Fußnote zu Gen. 1. in der deutschen Einheitsübersetzung der Bibel von 1979.
[8] „Indessen scheint es der einzig richtige Weg zu sein, auf dem endlich die Lösung einer Frage erreicht werden kann, welche für die Entwicklungs-Geschichte der organischen Formen von nicht zu unterschätzender Bedeutung ist". J. G. Mendel, 1866. In: Versuche über Pflanzen-Hybriden.

in seiner Bibliothek die Werke Darwins sammelte, hütete er sich vor dem nahe liegenden Schritt, seine an Erbsen erarbeitete Theorie auch auf den Menschen zu übertragen. Hätte er dies getan, wäre sein weiteres Leben wohl weniger beschaulich verlaufen, zumindest hätten ihn seine Klosterbrüder wohl kaum später zu ihrem Abt gewählt.

Erst Archibald Garrod wurde fast vier Jahrzehnte später zum eigentlichen Begründer der Humangenetik. Am Beispiel der Alkaptonurie, einer erblichen Stoffwechselstörung, wies er nach, dass sich die gerade erst wiederentdeckten Mendelschen Regeln auch auf den Menschen anwenden lassen. Auch er trug sich nicht mit ideologischen Absichten, wenn ihm auch Darwins Evolutionslehre wohl bekannt war. Ihm ging es ausschließlich um die medizinische Beschreibung der, wie er sie bezeichnete, „angeborenen Irrtümer des Stoffwechsels" beim Menschen. Aus Garrods biochemischen Studien ging bald die Erkenntnis hervor, dass viele molekulare Abläufe und auch deren Störungen bei Menschen und Tieren weitgehend identisch sind: Der Albinismus des Menschen wird durch den gleichen Enzymdefekt im Stoffwechsel der Aminosäure Tyrosin verursacht, der aus einem grauen ein weißes Kaninchen macht. Eher unbeabsichtigt lieferten Garrod und seine Schüler also das erste experimentelle Handwerkszeug für die Demontage des Paradigmas von der Sonderstellung des Menschen unter den Geschöpfen.

Mit der Weiterentwicklung ihrer Methodik, von Mendels systematischer Beobachtung sichtbarer Merkmale über Garrods biochemische Charakterisierung genetisch determinierter Stoffwechselwege bis zur DNA-Sequenzierung, hat die Genetik in der Beschreibung des Menschen den Schritt von der subjektiv-qualitativen zur objektiv-quantitativen Ebene vollzogen. Die Kartierung des menschlichen Erbgutes im Rahmen des weltweiten Genomprojektes stellt den Höhepunkt, aber sicher nicht den Abschluss dieser Entwicklung dar.

Aus den ganze Bibliotheken füllenden naturwissenschaftlichen Daten über die genetische Konstitution des Menschen lassen sich nun einige für unser Selbstverständnis in der Hierarchie der Lebewesen bedeutsame Grunderkenntnisse herausdestillieren, die mit einem religiös-geisteswissenschaftlich geprägten anthropozentrischen Weltbild nicht vereinbar sind.

Die Hierarchie der Arten: Baukastensystem Genom

Schon die mikroskopische Untersuchung der menschlichen Chromosomen unterstützt die von der Anatomie und Paläontologie her nahe liegende Annahme, dass sich der *homo sapiens* von den nichthumanen Primaten nur durch wenige strukturelle Rearrangements im Erbmaterial unterscheidet. Unser stammesgeschichtlich nächster Verwandter, der Schimpanse, hat 48 Chromosomen, der *homo sapiens* deren 46. Beim näheren Hinsehen erklärt sich dieser Unterschied dadurch, dass das zweitgrößte Chromosomenpaar des Menschen in seiner Binnenstruktur zwei miteinander verschmolzenen kleinen Chromosomenpaaren des Schimpansen entspricht. Fakt ist also, dass Mensch und Affe, schon weil wegen des unterschiedlichen Chromosomenaufbaus nicht miteinander fortpflanzungsfähig, nach biologischer Definition verschiedenen Arten angehören[9]. Fakt ist ebenso, dass sich die große Ähnlichkeit der Chromosomen beider Arten nur durch eine enge entwicklungsgeschichtliche Nähe erklären lässt. Die bloße Zahl der Chromosomen, die in ihrer mikroskopisch darstellbaren Form nur Trägerkörperchen der einzelnen Gene in der

---

[9] Dies ist natürlich nur eine formale Überlegung. Die Unmöglichkeit einer gemeinsamen Fortpflanzung ist das wichtigste Kriterium, das getrennte Arten von Rassen derselben Art unterscheidet. Eine praktische Überprüfung im hier erörterten Zusammenhang verbietet sich, im Einklang mit den Moralvorstellungen wohl aller Kulturen, in evidenter Weise von selbst.

Zellteilung sind, ist übrigens als Kriterium für das Entwicklungsniveau einer Art gänzlich untauglich: Die Taufliege Drosophila hat 8 Chromosomen, der Hund 38, der Rhesusaffe 42, das Rind 60 und der Karpfen 104.

Die Frage, welcher Art nun die Verwandtschaft zwischen Affen und Menschen sei, hat immer wieder die Gemüter erhitzt. Der Trugschluss, dass der Mensch „vom Affen abstamme", hat schon Darwin von seinen offenbar beleidigten Zeitgenossen Karikaturen eingetragen, auf denen sein Kopf mit dem Körper eines Affen dargestellt wurde. Wir Menschen sind aber nicht Nachkommen der Schimpansen, sondern teilen mit ihnen gemeinsame Vorfahren, die vor ungefähr 7 Millionen Jahren lebten[10]. Auf die Vorstellung, dass wir zwar nicht die Kinder, aber doch die Vettern der Affen sind, müssen wir uns aber wohl oder übel einlassen.

Auch auf der molekularen Ebene hat sich eine früher nie für möglich gehaltene biologische Ähnlichkeit des Menschen mit anderen Spezies gezeigt.

Die für alle Lebensformen weitgehend einheitliche Sprache der Vererbung ist der genetische Code. Analog zu Syntax und Grammatik menschlicher Sprachen ordnet er jedem Triplett in der Basensequenz der DNA entweder Strukturbausteine von Proteinen oder Signale für ihre Synthese und Wirkungsweise zu.

Ausgehend von dieser vom Virus bis zum Menschen konvertierbaren Einheitswährung genetischer Information konnte sich die Natur im Laufe der Evolution ein ökonomisches Vorgehen erlauben, indem sie nach dem Baukastenprinzip bewährte Funktionseinheiten von einer Art in sich daraus entwickelnde andere übernahm. Dementsprechend ist ein

---

[10] Der im Tschad entdeckte und sogleich vom dortigen Staatspräsidenten mit dem Namen „Toumaï" („Hoffnung des Lebens") belegte *Sahelanthropus tchadensis* ist – dies aber nicht unbestritten – der älteste bislang bekannte Hominide.

Großteil unserer Erbanlagen evolutionär hoch konserviert; speziell die für grundlegende Funktionen der Zellen verantwortlichen „Haushaltsgene" und ihre Produkte sind von der Bierhefe bis zum Menschen weitgehend gleich aufgebaut. Dass beispielsweise das im Zellstoffwechsel aktive Enzym Caseinkinase 2 in seiner molekularen Struktur zwischen Mensch und Rind mehr Ähnlichkeit besitzt als zwischen Rind und Ratte, lässt unsere Verwandtschaftsverhältnisse in einem von manchen nicht als schmeichelhaft empfundenen Licht erscheinen. Das Protein Cytochrom C ist gar zwischen Mensch und Schimpansen vollständig identisch, unterscheidet sich zum Rhesusaffen aber in einer, zu Walen in zehn Aminosäuren.

Im molekularen Vergleich unserer nächsten Verwandten, der Menschenaffen, kommt den Schimpansen sogar wohl eher die Rolle von Brüdern denn von Vettern des Menschen zu. Die funktionell wichtigen Abschnitte ihrer DNA stimmen mit unseren eigenen zu 99,4 % überein und zeigen damit größere genetische Nähe des Schimpansen zum Menschen als zu den anderen Menschenaffen. Damit bilden sich innerhalb der Hominiden zwei Gruppen mit Mensch, Schimpanse und Zwergschimpanse (Bonobo) auf der einen, Gorilla und Orang-Utan auf der anderen Seite. Folgerichtig beginnt sich eine neue Namensgebung durchzusetzen: Schimpanse *(Pan troglodytes)* und Bonobo *(Pan paniscus)* werden neuerdings in brüderlicher Weise als *Homo troglodytes* und *Homo paniscus* bezeichnet.

Das vertraute Bild der *splendid isolation* des Menschen in der Schöpfung verschwimmt nicht nur angesichts unserer genetischen Ähnlichkeiten mit anderen Spezies. Auch in unserem eigenen Körper beherbergen wir fremde Organismen, die nicht bloß an uns parasitieren, sondern mit denen wir einträchtig zusammenleben. Dass Bakterien nicht nur krank machen können, weiß inzwischen wohl jeder, der seine Darmflora mit Joghurtkulturen pflegt. Aber damit nicht genug. In jeder unserer Zellen, wie in denen aller höheren Organismen, sind für den Energiestoffwechsel die Mitochondrien zuständig. Bei ihnen handelt es sich um nichts anderes als primitive Bakterien, die in der Frühzeit der Entwicklungsgeschichte vor etwa zwei Milliarden Jahren in die ersten, noch einzelligen, höheren Organismen eingewandert sind. Ohne die Hilfe dieser Endosymbionten wäre die Artenentwicklung wahrscheinlich im Ansatz stecken geblieben. Wie sehr wir von ihnen abhängig sind, lässt sich leicht experimentell beweisen: Eine Vergiftung mit Blausäure, die den Stoffwechsel der Mitochondrien blockiert, führt innerhalb von Sekunden zum Tode.

Das Zusammenleben zwischen Wirtszelle und Mitochondrien ist mit der Zeit so eng geworden, dass sie sich sogar die Vererbung teilen: Die für den Aufbau der Mitochondrien zuständigen Gene befinden sich teils in den Mitochondrien selbst, teils im Zellkern. Genau betrachtet enthält also nicht einmal das eigene Erbmaterial des Menschen nur humane Gene.

Wie wenig sortenrein menschlich unser Genom, die chemische Essenz unseres Menschseins, eigentlich ist, zeigt sich am deutlichsten am Aufbau unserer DNA-Moleküle. Nur ein Bruchteil von ihnen repräsentiert funktionsfähige Gene; weniger als 2 % unserer genetischen Gesamtinformation werden in Proteine übersetzt. Der Rest, oft despektierlich *junk DNA* genannt, besteht aus sinnleeren, oft mehrhundertfach tandemartig wiederholten Sequenzen oder aber aus Pseudogenen, also im Lauf der Evolution stillgelegten, aber nicht entsorgten molekularen Rudimenten von Erbinformationen. Ähnlich wie die Zahl der Chromosomen taugt auch die molekulare Größe des Genoms nicht für die Erstellung einer Artenhierarchie: Die DNA einfacher Viren besteht aus 5000 Basenpaaren, bei Bakterien sind es etwa eine Million, beim Fugufisch und der Reispflanze, zwei Modellorganismen der Genomforschung, jeweils etwa 400 Millionen, beim Menschen 3,3 Milliarden – und beim braunen Grashüpfer 18 Milliarden Basenpaare. Rekordhalter ist ausgerechnet der primitive Farn *Psilotum nudum*, dessen Genom etwa achtzigmal größer ist als unser eigenes. Diese als „C-Wert-Paradox" bekannte Tatsache lässt es als für den Erfolg einer Art unerheblich erkennen, ob sie die in der Entwicklungsgeschichte immer wieder entstehenden unbrauchbaren DNA-Strukturen aus dem Genom ausmausert oder sie einfach darin belässt und weitervererbt.

Aber auch blinde Passagiere tummeln sich im Erbgut: Gut ein Zehntel unserer DNA besteht aus Retrotransposons, verstümmelten Resten von Viren, die sich im Laufe der Entwicklungsgeschichte in unser Erbgut eingeschlichen haben und über die Keimbahn von Generation zu Generation weitergegeben werden. Manche von ihnen, die endogenen Retroviren, sind als zumeist friedfertige Parasiten seit über 30 Millionen Jahren im Genom des Menschen und seiner Vorläufer heimisch. Sie können aber auch ein unkontrolliertes Eigenleben entwickeln und sind dann möglicherweise an der Entstehung bestimmter Krebsarten beteiligt. Umgekehrt hat sich aber auch das menschliche Genom immer wieder bei anderen Spezies bedient: Viele Gene des Menschen haben sich ursprünglich in Bakterien entwickelt. Offenbar besitzen höhere Lebewesen die Fähigkeit, Infektionen durch andere Organismen für sich selbst auszunutzen und von ihnen für die eigene Entwicklung hilfreiche Anlagen als Raubkopien in das eigene Erbgut zu übernehmen; der Mensch macht auch hier keine Ausnahme[11].

Nicht einmal der uns Menschen, wie wir glauben, über alle anderen Lebewesen heraushebende Verstand lässt sich auf bestimmte genetisch erfassbare Anlagen zurückführen.

Das Gehirn ist unser nach Aufbau und Funktion bei weitem komplexestes Organ. In ihm sind über die Hälfte unserer

---

[11] So lässt sich beispielsweise der für die Bildung von Blutgefäßen wichtige Wachstumsfaktor *platelet-derived endothelial cell growth factor* schon im Bakterium *Deinococcus radiodurans* nachweisen.

vermutlich etwa 30 000 Gene aktiv und damit weitaus mehr als in allen anderen Geweben. Ihre Aufgaben und Wechselwirkungen sind so vielfältig, dass der menschliche Geist bislang ausgerechnet bei der Erforschung seiner eigenen Arbeitsweise noch nicht sehr weit gekommen ist.

Es wird uns wohl noch auf lange Zeit unmöglich sein, die biochemischen und elektrophysiologischen Abläufe im Gehirn umfassend zu verstehen, die unserem artspezifischen Selbstverständnis als *homo sapiens* zugrunde liegen. Auch nach dem Abschluss der Kartierung des menschlichen Genoms herrscht beispielsweise nach wie vor völlige Unklarheit darüber, welches Speichermedium unser Gedächtnis verwendet – von einem naturwissenschaftlich beschreibbaren Korrelat der Seele ganz zu schweigen.

Nur auf dem umgekehrten Weg ist man ein Stück vorangekommen. Für bestimmte klinisch beschreibbare Defektzustände des Gehirns, wie die später noch genauer zu erörternde Huntington-Krankheit[12], sind verantwortliche Gene identifiziert worden, deren Funktionsstörungen das fein abgestimmte System aus dem Gleichgewicht bringen. Das Gehirn mit seinen Genaktivitäten lässt sich dabei mit einem Symphonieorchester vergleichen: In seinem kollektiven Wohlklang lässt sich der einzelne korrekt mitspielende Musiker kaum heraushören. Schlägt jedoch einer falsche Töne an, stört er die Wirkung des Ganzen empfindlich und fällt dadurch schnell unangenehm auf.

Angesichts des bereits Bekannten über die genetische Homologie der Arten verwundert es nicht mehr, dass sich unter den Störenfrieden auch unserer spezifisch menschlichen Hirnfunktionen viele alte Bekannte aus dem Tierreich wiederfinden. So konnte ein Gen identifiziert werden, dessen Mutationen für eine seltene familiär erbliche Form der Parkinson-Krankheit verantwortlich sind. Wird nun diese hu-

---

[12] Siehe Kap. 2, S. 63.

mane DNA-Sequenz experimentell in „transgene" Taufliegen übertragen, so zeigen diese ähnliche Bewegungsstörungen wie menschliche Parkinson-Patienten.

Wir können es also drehen und wenden wie wir wollen: Unser Erbgut als „Buch des Lebens" hat viele Autoren, und viele Gene, deren Funktionen und Defekte wir als typisch menschliche Fähigkeiten und Krankheiten zu kennen glauben, sind nichts als Plagiate aus anderen Lebewesen[13].

Von der Anatomie bis hin zur Molekulargenetik liefern uns die Naturwissenschaften also keine schlagenden Argumente dafür, dass wir uns selbst anders zu verstehen hätten denn als eine Tierart unter vielen.

Insbesondere deutet alles darauf hin, dass die unsere weltbeherrschende Stellung als Spezies und unser zugehöriges Selbstbewusstsein prägenden Verstandesleistungen unseres Gehirns nicht auf einen Bruch in der biologischen Kontinuität der Stammesgeschichte zurückzuführen sind. Vielmehr ist der Entwicklungsweg vom frühen Primaten zum Menschen offenbar durch ein glückliches Zusammentreffen zweier Umstände gekennzeichnet, mit denen die auf dem Zufallsprinzip von Mutation und Selektion beruhende und entsprechend langsame biologische Evolution durch eine sich selbst steuernde und beschleunigende soziale Evolution überlagert wurde. Zum einen wurden durch den Erwerb des aufrechten Ganges die vorderen Extremitäten für den Gebrauch von Werkzeugen und besonders Waffen frei. Dies führte wiederum zur Entwicklung überlegener meta-anatomischer körperlicher Fähigkeiten. Zum anderen entstanden mit der Geburt der Sprache neue Möglichkeiten für die innerartliche Kommunikation abstrakter Inhalte, und später mit der Schrift – für unsere Zivilisation vielleicht noch wichtiger – in der

---

[13] „Die Evolution des Genoms von Bakterien und Tieren scheint der Entwicklung einer Sprache zu entsprechen: Keine Muttersprache bleibt immun gegen die Aufnahme nützlicher Fremdwörter." C. P. Ponting, 2001. In: Plagiarized bacterial genes.

Entwicklungsgeschichte beispiellose Kapazitäten für die generationenübergreifende meta-genetische Speicherung von Informationen[14]. Damit kam es sozusagen zu einer „Lamarckisierung" der Evolution: Die soziale und technologische Entwicklung konnte sich unabhängig vom Taktgeber „Generation" der Darwinschen biologischen Evolution und damit in viel höherem Tempo vollziehen. Der zuverlässige, aber träge Mechanismus der Überprüfung einer zufällig entstandenen Mutation durch die Umweltbedingungen konnte bei der Entwicklung unserer Zivilisation einem flexiblen Lernen durch Versuch und Irrtum Platz machen. Die Ergebnisse dieser Lernprozesse konnten wiederum, in schriftlicher Form statt im Genom festgehalten, nicht nur vertikal an die leiblichen Nachkommen, sondern auch horizontal an des Lesens kundige nicht blutsverwandte Zeitgenossen weitergegeben werden und dann deren zivilisatorische Fortschritte beschleunigen. Der sonst nicht gerade für seine Bescheidenheit bekannte Isaac Newton fasste es kurz: „Wenn ich weiter sehen konnte, dann nur, weil ich auf den Schultern von Riesen stand"[15].

Wir Menschen mögen Stolz auf unsere auf Technologie und Kommunikation gestützte, nur ab und zu von infektiösen niederen Organismen herausgeforderte Vormachtstellung unter den Arten verspüren. Wir verdanken sie aber keineswegs einem kategorialen biologischen Unterschied zu allen anderen Kreaturen, schon gar nicht zu den uns nächst verwandten anderen Primaten. Der „unauslöschliche Stempel unserer nie-

---

[14] Möglicherweise spielt die Evolution eines einzigen Gens die Schlüsselrolle bei der Entwicklung der menschlichen Sprache: Veränderungen des Gens FOXP2 („forkhead box P2") führen zu Störungen des Sprachverständnisses und der Ausdrucksfähigkeit. Seine Normalform („Wildtyp") ist bei allen Populationen des Menschen gleich; sie unterscheidet sich aber durch zwei Mutationen, die aus der Frühzeit der Entwickung des *homo sapiens* stammen dürften, vom Wildtyp bei allen anderen Primaten.

[15] Isaac Newton in einem Brief an Robert Hooke 1676.

deren Herkunft"[16] bleibt uns erhalten, und seiner bewusst zu bleiben kann uns durchaus von praktischem Nutzen sein.

Molekulare Medizin: Von der Natur lernen heißt siegen lernen

Die aus der Grundlagenforschung, aber auch aus der Erfahrungsmedizin stammenden Erkenntnisse über die Artenhomologie haben für uns unmittelbare praktische Relevanz. Schon am Beginn der naturwissenschaftlich geprägten Medizin machte sich der britische Landarzt Edward Jenner für die Erfindung der aktiven Schutzimpfung im Jahre 1796 die Beobachtung zunutze, dass eine Infektion mit Kuhpocken nur unwesentliche Krankheitssymptome bei infizierten Menschen verursacht, diese aber zuverlässig vor den tödlichen Blattern schützt. Dabei ging er von der Übertragbarkeit mancher Krankheiten von Haustieren auf den Menschen aus, die bereits eine biologische Verwandtschaft zwischen den Wirtsorganismen von Krankheitserregern impliziert[17]. Daraus schloss Jenner weitblickend und in erstaunlich modernen Begriffen, dass „eine nahe Analogie zwischen dem Virus der Kuhpocken und dem der Blattern" bestehen müsse[18]. Tatsächlich liegt, wie die

---

[16] „Wir müssen jedenfalls anerkennen, so scheint es mir, dass der Mensch mit all seinen vornehmen Qualitäten, seinem Mitgefühl auch für die Armseligsten, seinem Wohlwollen nicht nur für andere Menschen, sondern auch für die niedrigste lebende Kreatur, mit seinem gottähnlichen Intellekt, der die Bewegungen und den Aufbau des Sonnensystems durchdrungen hat – mit all diesen gewaltigen Kräften – dass der Mensch dennoch in seiner körperlichen Gestalt den unauslöschlichen Stempel seiner niederen Abkunft trägt." C. Darwin, 1871. In: The descent of Man.

[17] „Die Abweichung des Menschen vom Status, den ihm die Natur ursprünglich zugewiesen hat, scheint ihm eine ergiebige Quelle von Krankheiten zu sein." E. Jenner, 1798. In: An inquiry into the causes and effects of the Variolae Vaccinae.

[18] E. Jenner, 1801. In: The origin of the vaccine inoculation. Allerdings ging Jenner nicht von der Existenz zweier verwandter Virusspezies aus, sondern vom der möglichen Umwandlung des Kuhpocken- in das Pocken(Blattern-)virus.

Molekularbiologie später beweisen konnte, hier der Schlüssel für die Wirksamkeit der Impfung: Das für Pockenschutzimpfungen verwendete, vom Kuhpockenvirus abgeleitete Vacciniavirus ist in 150 seiner 187 Virusproteine dem Blatternvirus so ähnlich, dass sich die Immunität eines zuvor infizierten Organismus gegen beide Virusarten richtet. Die für den Menschen bedrohlichen Eigenschaften des Blatternvirus liegen offenbar genau in den Proteinen, die es vom weitgehend harmlosen Vacciniavirus unterscheiden.

Unsere entwicklungsgeschichtlich begründete enge genetische Homologie zu anderen Säugern hat also für unsere Gesundheit ihre Vor- und Nachteile. Einerseits ermöglicht sie den Erregern von Krankheiten wie Kuhpocken und Toxoplasmose, neuerdings offenbar auch AIDS und BSE, die für sie niedrige Artenbarriere zwischen Tier und Mensch zu überspringen. Andererseits aber eröffnet dieselbe Homologie der Medizin die Möglichkeit, Tiere als „Reservoir" für beim Menschen wirksame Heilmittel oder als, hier im Wortsinne, Versuchskaninchen für die Forschung zu verwenden. Die ethisch umstrittene, aber nichtsdestoweniger seit Jahrzehnten die Entwicklung von Medikamenten bestimmende Austestung der Verträglichkeit von Wirkstoffen an Säugetieren geht von der Annahme aus, dass diese aufgrund ihrer biologischen Nähe zum Menschen auch gleich empfindlich gegen ihnen zugeführte Substanzen seien. Dass dieses Vertrauen allerdings Grenzen haben muss, hat uns die Contergan-Katastrophe schmerzlich vor Augen geführt: Aufgrund minimaler artspezifischer Unterschiede im Stoffwechsel vertragen Ratten als Versuchstiere das Mehrhundertfache an Thalidomid wie der Mensch, bevor Fehlbildungen bei Nachkommen auftreten.

Auch viele der Medikamente, die wir uns unmittelbar aus der Natur entliehen haben, machen sich in ihrem Wirkmechanismus Ähnlichkeiten zwischen dem Stoffwechsel von Mensch und Tier zunutze. Der Mensch ist nicht unbedingt der Hauptwirt des Blutegels, aber das Hirudin im Speichel des Egels hemmt die Blutgerinnung beim Menschen genauso gut wie bei Fischen.

Pflanzen können sich ihren Fressfeinden nicht durch Flucht entziehen. Daher haben viele von ihnen Gifte als chemische Kampfstoffe entwickelt, die in ihrer evolutionären Entstehung gegen Insekten und Nagetiere, nicht eigentlich gegen Menschen gerichtet sind. Dennoch wirken viele Pflanzengifte auch auf unseren Organismus. Die Digitalis-Glykoside des Fingerhuts etwa verstärken am Herzmuskel von Säugern die für die Steuerung der Kontraktionskraft verantwortlichen Calciumströme, was nach dem Einverleiben von Fingerhutblättern, ganz im Sinne der Pflanze, zum Herzstillstand durch Verkrampfung der Herzmuskelzellen führen kann. Niedrige Mengen der Glykoside steigern aber nur die Leistung des Herzmuskels, ohne seinen Schlagrhythmus wesentlich zu stören. Die Medizin muss also lediglich die Dosierung des Giftes unterhalb des für unsere Spezies toxischen Niveaus halten, um über ein hochwirksames, seit zweihundert Jahren erprobtes Medikament gegen Herzschwäche zu verfügen.

Der Mensch ist allerdings einfallsreich genug, um auch die dunkle Seite der Pharmakologie zu erkunden. Auch viele unserer Rauschdrogen sind von ihren natürlichen tierischen Adressaten umgeleitete, zweckentfremdete Gifte. Das Nikotin der Tabakpflanze ist eines der stärksten Pflanzengifte überhaupt; es stört die Signalübertragung im Nervensystem von Insekten, die Tabakblätter zu fressen versuchen. Aber auch der Mensch besitzt nach ihrer Empfänglichkeit für das Genussgift benannte Nikotinrezeptoren im vegetativen Nervensystem und im Gehirn. Die Aufnahme nur geringer Nikotinmengen mit dem Zigarettenrauch lässt keine akute Vergiftung, wohl aber die bekannte Suchtentwicklung zu. Sein wahres Wesen enthüllt das Nikotin beim Menschen nur dann, wenn es in der dem Schutzmechanismus der Tabakpflanze entsprechenden Weise aufgenommen wird: Bereits eine einzige von einem ahnungslosen Kleinkind in vermeint-

licher Nachahmung elterlicher Verhaltensweisen aufgeges-
sene Zigarette kann tödlich wirken.

Umgekehrt kann sich die Medizin gezielt der subtilen Unterschiede zwischen den Stoffwechselwegen von Menschen
und Krankheitserregern bedienen. Der natürliche Zweck des
Penicillins und anderer von Pilzen gebildeter Antibiotika ist
die Hemmung des Wachstums von Bakterien als störender
Nahrungskonkurrenten des Schimmels. Einige dieser Stoffe,
wie die Aflatoxine, setzen an bei Menschen und Mikroben
gleichermaßen sensiblen Stoffwechselwegen an und sind daher für beide giftig. Das Penicillin dagegen hemmt ein Enzym,
das für den Aufbau eines beim Menschen nicht vorkommen-
den Bestandteils der bakteriellen Zellwände verantwortlich
ist, und ist daher als nebenwirkungsarmes Antibiotikum
brauchbar.

Das vielleicht augenfälligste Konzept für die medizinische
Nutzung der biologischen Nähe zwischen Mensch und Säugetier ist die, aus dem Mangel an humanen Spenderorganen
geborene, Idee der Xenotransplantation von Organen. Der
operative Ersatz undichter menschlicher Herzklappen durch
sterilisierte Ersatzteile vom Schwein gehört schon lange zum
medizinischen Alltag. Unwägbarkeiten kommen allerdings
ins Spiel, wenn versucht werden soll, unter medikamentöser
Überlistung des menschlichen Immunsystems lebende Organe wie ein ganzes Schweineherz über die Artengrenze hinweg zu verpflanzen. Hier besteht die Sorge der Wissenschaftler vor allem darin, dass an den Organismus des Schweines
evolutionär angepasste und mit ihm in friedlicher Koexistenz
lebende Viren in der für sie fremden Lebenssphäre eines humanen, noch dazu immunsupprimierten Organismus zu tödlichen Krankheitserregern mutieren, vielleicht sogar neue
Seuchen entstehen lassen könnten.

Das geschickte Ausnutzen genetischer und biochemischer
Ähnlichkeiten und Unterschiede des Menschen zu anderen

Arten ist also, wenn auch oft unbewusst eingesetzt, eine Grundstrategie der gesamten Medizin, die aber auch immer wieder unangenehme Überraschungen mit sich bringt.

Mit der Entwicklung der Molekularbiologie ist in den letzten Jahrzehnten das Lernen durch Versuch und Irrtum auf diesem Gebiet in ein auf naturwissenschaftliche Theorien gestütztes Arbeiten übergegangen. Die gesamte molekulare Medizin basiert auf der Tatsache, dass der menschliche Organismus bis hinauf zu den biologischen Grundlagen seiner höheren Hirnfunktionen aus den gleichen Grundbausteinen besteht und nach weitgehend gleichen Regeln und Mechanismen funktioniert wie andere Lebewesen.

Die Rekombinierbarkeit von Nukleinsäuren zwischen verschiedenen Arten ist das Grundprinzip der Gentechnologie; das für hunderttausende Diabetiker lebensnotwendige Humaninsulin wird von Colibakterien produziert, in die ein menschliches Insulingen eingeschleust wurde. Dieses Verfahren hat sich der zuvor üblichen Verwendung von Rinder- oder Schweineinsulin als überlegen erwiesen, da die Insuline anderer Säuger zwar weitgehend, aber nicht ganz, mit dem Humaninsulin strukturidentisch sind. Daher entfalten Insuline anderer Spezies beim Menschen zwar ihre blutzuckersenkende Wirkung, können aber vom Immunsystem als Fremdstoffe erkannt werden und dann zu Unverträglichkeitsreaktionen führen.

Auch und gerade die medizinische Grundlagenforschung nutzt in immer weiteren Verfeinerungen das genetische Baukastensystem der Artenentwicklung aus. Eine zentrale Rolle spielen dabei genetisch veränderte Tiermodelle. Wenn sich auch die bei allen Lebewesen gleichen Grundfunktionen von Zellen in tierschutzethisch unproblematischen Organismen wie der Bierhefe oder wenigstens in Fadenwürmern und Taufliegen studieren lassen, erfordern für den Menschen repräsentative Untersuchungen über komplexe Krankheitsabläufe Studienobjekte, die uns entwicklungsgeschichtlich näher stehen.

So ist schon seit Jahrzehnten bekannt, dass der Schwertträger, eine in der Natur vorkommende Zierfischart, zu pigmentierten Hauttumoren neigt. Diese Fischmelanome sind den Melanomen des Menschen nicht nur im Erscheinungsbild, sondern auch molekulargenetisch so ähnlich, dass sich die bei ihnen entdeckten krebsauslösenden Störungen der Regulation von Wachstumsgenen auch beim Menschen wiederfinden. Aus solchen Naturbeobachtungen entwickelte sich eine systematische Suche nach Tiermodellen für genetische Störungen des Menschen. Schon in der konventionellen Zucht von Tierrassen konnte man fündig werden, vom Albinismus des Kaninchens bis zu den Skelettdysplasien von Dackeln und Bassets. In der schon erwähnten Taufliege, aber auch im für einen Säuger relativ leicht zu handhabenden System der transgenen Maus ist inzwischen der Schritt von der von biologischen Zufällen ausgehenden klassischen Zuchtwahl zur geplanten genetischen Manipulation erfolgt. Bei „Knockout"-Mäusen werden gezielt die zu menschlichen Krankheitsgenen homologen Mausgene inaktiviert, durch gerichtete Mutagenese können in Mausgenen die für menschliche Krankheiten verantwortlichen Genveränderungen erzeugt werden. Beispielsweise wurde ein transgener Mäusestamm mit genau derjenigen Mutation im Mukoviszidose-Gen erzeugt, die den meisten betroffenen Patienten die Krankheit verursacht. Diese „Muko-Mäuse" leiden tatsächlich an ganz ähnlichen Atem- und Verdauungsproblemen wie ihre menschlichen Pendants. An ihnen können nun neue Therapieverfahren erprobt werden, die ohne dieses Tiermodell nicht möglich wären, weil sie bei gesunden Mäusen nicht überprüfbar und bei kranken Menschen nicht verantwortbar wären.

Inzwischen gibt es, als Spiegelbilder der molekularen Verwandtschaft zwischen den Krankheiten von Menschen und Mäusen, für eine Vielzahl von Erbleiden transgene Mausmodelle, auf die sich die Hoffnungen von Millionen Kranken auf neue Heilverfahren stützen. Folgerichtig hat die Erzeugung transgener Tiere auch eine wirtschaftliche Dimension. Am umstrittenen amerikanischen Patent auf die durch konstitutionell überaktive Gene des Zellwachstums besonders krebsanfällige „OncoMouse" hat sich der bis heute andauernde Streit über die Patentierung genetisch veränderter Lebewesen entzündet. Noch nicht bis zur Praxisreife vollzogen, aber nach der Logik der Medizin mit transgenen Tieren absehbar ist der Schritt zu transgenen Schweinen mit mensch-ähnlichen Zellantigenen als Quelle für Xenotransplantate, die vom Immunsystem eines menschlichen Empfängers nicht mehr als Fremdgewebe abgestoßen werden.

Auch um sie wird es Patentstreitigkeiten geben. Die Fronten sind dabei schon lange klar: Auf der einen Seite stehen die wirtschaftsethisch oder auch religiös argumentierenden Gruppen, die grundsätzlich bestreiten, dass Menschen geistiges Eigentum – nichts anderes bestätigt ja ein Patent – an Lebewesen oder ihren Genen erwerben können. Auf der anderen Seite stehen erwartungsgemäß die Forscher, die sich wirtschaftliche Rechte an Lebewesen sichern wollen, die ohne ihr Zutun niemals entstanden wären. In ihrem Sinne, und das macht die moralische Seitenwahl eben doch nicht ganz einfach, äußern sich auch Selbsthilfeorganisatonen von Patienten für die Patentierbarkeit von Genen und transgenen Lebewesen, weil sie fürchten, industrielle Partner für die Forschung an „ihren" Krankheiten zu verlieren. Wie so oft im Leben werden wohl auch hier moralische Ansichten durch nichts stärker bestimmt als durch die Perspektive eigener Betroffenheit.

Evolution und Ökologie: Der Ast, auf dem wir sitzen

Nachdem die uns Menschen entwicklungsgeschichtlich zugewachsene Stellung in der Hierarchie der Arten wesentlich weniger prominent ist, als wir lange Zeit geglaubt haben, muss unser emotionales Selbstverständnis als Krone der Schöpfung wohl eher aus geisteswissenschaftlichen Disziplinen genährt werden. Ob wir uns mit unserer Rolle als einer Spezies unter vielen anfreunden oder uns gar in unserem Selbstverständnis zum bloßen Spielball der Evolution erniedrigen wollen, ist letztlich eine Geschmacksfrage. Die wohl radikalste Interpretation ist die von Richard Dawkins, der die Gene nicht als Objekte, sondern als Subjekte der Evolution betrachtet und folgerichtig die von ihnen codierten Organismen, einschließlich des Menschen, als *gene machines*[19]. Metaphysisch betrachtet handelt es sich hier aber doch nur um ein Gedankenspiel ähnlich der Frage, ob Henne oder Ei zuerst dagewesen sei.

Auch diese Überlegungen lassen nämlich die Antwort nach den hinter den evolutionären Mechanismen stehenden kausalen Triebkräften offen, so dass der Raum für religiöse Vorstellungen von einer göttlich gesteuerten Evolution keineswegs eingeengt scheint. Schon Darwin verwahrte sich immer wieder gegen den von Kreationisten seinerzeit und bis heute ins Feld geführten Vorwurf, die Evolutionstheorie sei mit dem Christentum unvereinbar[20].

Unabhängig hiervon ist nun des weiteren Nachdenkens wert, inwieweit wir aus dem Bewusstsein über das genetische Umfeld unserer Spezies auch praktische Regeln für einen verantwortungsvollen Umgang mit anderen Lebewesen ableiten können. Tatsächlich lassen sich hier harte naturwissenschaftliche Argumente für Verhaltensnormen finden, die uns

---

[19] „Ich werde verdeutlichen, dass die fundamentale Einheit der Selektion, und damit des Selbstinteresses, weder die Spezies noch die Gruppe ist, nicht einmal, streng genommen, das Individuum. Es ist das Gen, die Einheit der Vererbung." R. Dawkins, 1976. In: The selfish gene.

[20] „Ich sehe keine guten Gründe, warum die in diesem Band dargelegten Ansichten irgend jemandes religiöse Gefühle verletzen sollten ... Ein berühmter Schriftsteller und Gottesmann hat mir geschrieben, dass er „langsam zu sehen gelernt habe, dass es eine ebenso edle Gottesvorstellung ist zu glauben, dass Er einige ursprüngliche Formen geschaffen habe, die zur Weiterentwicklung in andere sinnreiche Formen fähig sind, wie zu glauben, dass Er einen frischen Schöpfungsakt benötigt habe, um die Lücken zu füllen, die durch die Wirkung Seiner Gesetze entstanden." C. Darwin, 1859. In: On the Origin of Species.

aus vielen geisteswissenschaftlichen Quellen, von der christlichen Moral bis zur Philosophie der Ökologiebewegung, wohlvertraut sind.

Wir haben es bereits gesehen: Wären wir Menschen tatsächlich Produkte eines qualitativ anderen Schöpfungsaktes als Tiere, Pflanzen und Mikroorganismen, gäbe es zwar einige Krankheiten nicht, aber auch keine Medizin. Unsere auch in Zukunft wichtigste Ressource für den Kampf gegen die Geißeln der Menschheit ist die Apotheke der Natur; wir tun gut daran, sie nicht durch eine Reduzierung der Artenvielfalt auszuplündern. Digitalis, Atropin und Penicillin sind wohlerprobte Produkte einer Evolution, die zwar nicht (oder, je nach religiösem Blickwinkel, nicht erkennbar) durch eine leitende Vernunft gesteuert ist, die aber aller menschlichen Pharmakologie vieltausendfach umfangreichere Versuchsreihen und längere Entwicklungszeiten voraus hat. Auch heute noch werden immer wieder neue Wirkstoffe in der Natur entdeckt; das aus der selten gewordenen, weil forstwirtschaftlich wenig ertragreichen Eibe gewonnene Zytostatikum Taxol ist nur ein Beispiel aus der jüngsten Vergangenheit[21].

Es kann kein Zweifel daran bestehen, dass noch zahlreiche andere Heilpflanzen ihrer Entdeckung harren – wenn sie nicht durch Klimaveränderung und Regenwaldzerstörung vorher ausgerottet werden. Der in bedrohten Urwaldregionen Ecuadors heimische Frosch *Epipedobates tricolor* etwa reichert in seiner Haut als Schutz vor Fressfeinden ein potentes Nervengift an, dessen Wirkung den einheimischen Menschen seit Jahrhunderten bekannt ist und das von ihnen als Pfeilgift bei der Jagd verwendet wird. Erst vor wenigen Jahren konnte in Labors der Pharmaindustrie die Reinsubstanz Epibatidin

---

[21] Die Entdeckung des Taxols als Krebsmedikament hätte fast zur Ausrottung der Pazifischen Eibe geführt: Für die Behandlung eines einzigen Patienten braucht man das Taxol von etwa sechs hundertjährigen Bäumen. Ein an die Elefantenjagd nach Elfenbein erinnernder Raubbau war die Folge, der erst endete, als 1994 die Laborsynthese von Taxol gelang.

identifiziert und dann auch synthetisiert werden – ein Stoff, der 200fach stärker schmerzstillend wirkt als Morphin, ohne über die Wirkung an Opiatrezeptoren zur Abhängigkeit zu führen[22].

Die Notwendigkeit der Erhaltung natürlicher Reservoirs für Heilsubstanzen gilt um so stärker, als gerade im Kampf gegen die Infektionskrankheiten die unerbittlich geltenden Evolutionsgesetze zu einem immer schnelleren Wettrüsten zwischen Medizinern und Mikroben geführt haben. Unter dem massiven Selektionsdruck einer breiten antibiotischen Therapie, wie sie bei Intensivpatienten üblich ist, entstehen immer wieder Bakterienstämme, die gegen ganze Klassen von Wirkstoffen resistent sind. Die mehrfachresistenten Krankenhauskeime sind inzwischen zu einem der größten Probleme der klinischen Medizin überhaupt geworden. Auf der Suche nach neuen Antibiotika setzt die pharmazeutische Industrie neben der Laborforschung inzwischen auf breiter Front Bioprospektoren ein, die in der belebten Natur nach geeigneten Substanzen suchen.

Naturnahe Landwirtschaft:
Sentimentalität oder Selbsterhaltung?

Mit den in immer rascherer Folge aufkommenden Lebensmittelskandalen sieht sich die industrialisierte Landwirtschaft über die humanitäre Kritik gegen Legebatterien und Schlachtviehtransporte hinaus auch zunehmenden Vorwürfen wegen gesundheitsgefährdender Praktiken ausgesetzt.

---

[22] Ethisch und politisch bedeutsam ist nun die Frage, inwieweit die Nutzung der natürlichen Umwelt und der naturmedizinischen Kenntnisse der Indios durch die Industrie in unzulässiger Weise deren ökologisches und geistiges Eigentum verletzt. Aus dieser Annahme leitet sich die Forderung ab, die Einheimischen an den Einnahmen aus der Vermarktung solcher Substanzen finanziell teilhaben zu lassen.

Schon die allbekannten tierschutzethischen Defizite beim Umgang mit Nutztieren (der Begriff spricht schon für sich) zeugen von mangelndem Respekt vor anderen Kreaturen, der sicherlich auch im geistesgeschichtlich gewachsenen, wenn auch naturwissenschaftlich nicht haltbaren Glauben an eine Sonderstellung des Menschen in der Schöpfung wurzelt. Dass der daraus abgeleitete, schon in der Bibel bezeugte Anspruch des Menschen, sich „die Erde untertan" machen zu dürfen, in fast allen Kulturen präsent ist und nach Gusto strapaziert wird, ist evident und soll hier nicht weiter erörtert werden[23].

Beim näheren Hinsehen liegt aber nicht nur humanitäres Fehlverhalten, sondern auch ein wesentlicher Teil der aktuellen praktischen Probleme der Landwirtschaft in der Missachtung der entwicklungsgeschichtlichen Nähe der Nutztiere zum Menschen begründet.

Die Massentierhaltung mit ihrer enorm hohen Dichte an Individuen der gleichen Art bei zugleich mangelhafter Hygiene bietet Infektionserregern sonst in der Natur kaum vorkommende Ausbreitungschancen, so dass unter diesen Bedingungen Epidemien im Tierstall vorprogrammiert sind. Um diesen zuvorzukommen, sind Antibiotika in Futtermitteln zur Routine in der Tiermast geworden. Daraus resultiert zunächst, wie schon von den Krankenhauskeimen beim Menschen bekannt, eine Spirale von Resistenzentwicklungen und Präparatewechseln bei den Tieren selbst. Vor allem aber ist problematisch, dass viele tierpathogene Bakterien wie Staphylokokken oder Colibakterien den beim Menschen üblichen Erregern sehr ähnlich oder gar identisch sind – kein Wunder bei der biologischen Ähnlichkeit ihrer Wirtsorganismen. Die Konsequenzen sind hinlänglich bekannt: In der Tiermast breit eingesetzte Antibiotika können Menschen bei Infektio-

---

[23] „Und Gott segnete sie und sprach zu ihnen: Seid fruchtbar und mehret euch und füllet die Erde und machet sie euch untertan und herrschet über die Fische im Meer und über die Vögel unter dem Himmel und über das Vieh und über alles Getier, das auf Erden kriecht." Gen. 1,28.

nen oft nicht mehr hinreichend schützen. Noch dazu können von den Konsumenten über das Fleisch aufgenommene Antibiotikareste auch zu einer schleichenden Sensibilisierung führen, die sich – wenn eine Therapie mit Antibiotika nötig wird – als allergische Reaktion entladen kann.

Ähnliche Probleme bringt der in vielen Ländern erlaubte Einsatz von Hormonen bei der Tiermast mit sich. Steroidhormone wie Östradiol und Testosteron führen bei Rindern zu einer um gut zehn Prozent schnelleren Gewichtszunahme und, ganz im Sinne figurbewusster Verbraucher, zu weniger sichtbarem Fett im Steak. Allerdings hat der Mensch die gleichen Steroidrezeptoren wie das Rind, so dass Hormonrückstände im Rindfleisch auch auf den Konsumenten wirken. Ob die auf diesem Wege oder aber über das Eindringen von Hormonabfällen in die Nahrungskette aufgenommenen Spuren von Fremdsteroiden tatsächlich die Entstehung von Genitaltumoren bei Frauen begünstigen oder ob sie gar im Zusammenhang mit dem weltweit beobachteten immer früheren Einsetzen der Pubertät bei Kindern stehen, ist heftig umstritten. An der Plausibilität des biologischen Prinzips kann indes kein Zweifel bestehen.

Auch beim industrialisierten Ackerbau entstehen vergleichbare Probleme: Die üblichen Monokulturen von Nutzpflanzen sind für Schädlinge, vor allem Insekten, ein Schlaraffenland. Hier kann dann nur die Agrarchemie mit dem Mittel der Insektizide entgegenwirken. Diese sind zwar heutzutage auf eine möglichst selektive Wirkung gegen den Stoffwechsel von Insekten hin optimiert, dennoch sind Insekten und Menschen gegen Substanzen wie DDT oder Lindan nur hinsichtlich der aufgenommenen Menge verschieden empfindlich. So ist dann zwar der Sicherheitsabstand zwischen der toxischen Dosis für Insekten und der für Menschen zunächst sehr groß. Bei einer Anreicherung der Substanzen über die Nahrungskette finden sich dann aber doch beispielsweise im Fleisch von Raubfischen bedrohlich hohe Giftkonzentrationen.

Eine inzwischen allgemein anerkannte Todsünde ist das Ignorieren artspezifischer Ernährungsweisen, die wiederum Krankheitserregern über die Artenbarriere hinweg in neue Wirtsspezies verhelfen kann. Die Prionen, die für die seit langem bekannte Schafskrankheit Scrapie verantwortlich sind, wurden offenbar nur dadurch zur Ursache der BSE-Katastrophe, dass Rinder entgegen ihrer rein vegetarischen natürlichen Ernährung mit eiweißreichem, aber prionenhaltigem Tiermehl gemästet wurden. Dass unter den rindfleischessenden Menschen – bislang? – nur so wenige an der Creutzfeld-Jakob-Variante als humaner BSE-Form erkrankt sind, mag ein reiner Glücksfall genetisch determinierter Resistenz sein. Vielleicht handelt es sich aber auch um einen evolutionär gewachsenen Schutzmechanismus des Menschen als originärem Allesfresser. Das soll im vierten Kapitel dieses Buches noch genauer erörtert werden.

Ganz unmittelbar begibt sich der Mensch in die Gefahr des Erwerbs neuer Krankheiten, wenn er seine artengeschichtlich engsten Verwandten auf seinen Speisezettel setzt. Schon unsere üblicherweise als Fleischlieferanten genutzten Haustiere sind oft nicht frei von Viren, von denen aber die meisten in der ihnen biologisch völlig fremden Umgebung menschlicher Zellen nicht vermehrungsfähig sind. So ist das Virus der Maul- und Klauenseuche für Paarhufer hochansteckend, für den Menschen aber völlig ungefährlich. Andere, für den Menschen bedrohliche Erreger wie das Tollwutvirus haben dagegen ihr natürliches Reservoir in Wildtieren, mit denen Menschen nur ausnahmsweise und unbeabsichtigt in Berührung kommen.

Dagegen ist die Quelle der AIDS-Katastrophe offenbar im westafrikanischen *bushmeat* zu suchen, also der unter dem Druck der Überbevölkerung zunehmenden Ergänzung der Nahrung durch gewilderte Urwaldbewohner, zu denen auch immer wieder Affen bis hin zum Schimpansen gehören. Viele von ihnen sind mit SIV (simian immunodeficiency-) Viren infiziert, die sich mit ihren Wirtstieren über Jahrtausende als weitgehend unschädliche natürliche Begleiter arrangiert hatten. Mit der Übertragung auf Affen essende Menschen finden diese Viren plötzlich eine ihren natürlichen Wirtszellen sehr ähnliche, aber doch nicht ganz identische Umgebung vor. Hier setzen die unvermeidlichen Mechanismen von Mutation und Selektion ein: Einigen SIV-Formen ist es offenbar gelungen, sich durch zufällige Veränderungen ihres Virusgenoms an menschliche Zellen zu adaptieren, ohne allerdings den Status eines für den Wirt unschädlichen Parasiten zu erreichen. Die Schuld für die Weltkarriere des damit entstandenen AIDS-Virus HIV liegt allerdings keineswegs allein bei den afrikanischen Affenjägern. Erst zivilisatorische Ausbreitungsmechanismen, vom Ferntourismus über sexuelle Promiskuität bis hin zu ungetesteten Blutkonserven, haben die lokale Epidemie zum globalen Desaster gemacht.

Das neueste Kapitel in der Geschichte menschlicher Fehlernährung ist die Lungenseuche SARS. Als vermutliche Quelle des zuvor unbekannten Coronavirus ließen sich in Südchina, dem Ursprungsgebiet von SARS, Märkte ausfindig machen, auf denen Zibetkatzen und andere Wildtiere als Delikatessen verkauft werden.

Artenüberschreitende Infektionen durch Ernährung mit ungeeignetem Fleisch sind übrigens keine Erfindung des Menschen. Auch Schimpansen, zumeist Vegetarier, gehen mitunter auf die Jagd, und immer wieder kommt es bei ihnen, ähnlich wie bei Menschen, zu Ansteckungen mit dem Ebola-Virus, dessen eigentliches Wirtstier noch nicht bekannt ist. Ebola-Epidemien limitieren aber bei Affen und Menschen ihre Ausbreitung paradoxerweise durch ihre Aggressivität, da das Ebola-Virus im Gegensatz zu HIV mit kurzer Inkubationszeit und fast immer schnell tödlichem Krankheitsverlauf kaum klinisch gesunde Überträger entstehen lässt.

Es ist also unbestreitbar, dass tierische Nahrung, insbesondere solche von uns entwicklungsgeschichtlich nahe stehenden Arten, immer wieder zur Quelle menschheitsbedrohender Infektionskrankheiten geworden ist und auf diesem Wege auch künftig den Fortbestand unserer eigenen Art bedrohen kann.

Diese Feststellung liest sich wie eine Verlautbarung aus der Veganer- und Tierrechtebewegung. Ein genaueres Hinschauen lohnt sich aber doch, ob sich auch die hinter diesen ernst zu nehmenden praktischen Fragen stehenden philosophischen Gedankengebäude mit naturwissenschaftlichen Argumenten untermauern lassen.

Der Grundgedanke der mit Peters Singers Buch „Animal Liberation" 1975 begründeten Tierrechtebewegung ist das Prinzip der gleichen Berücksichtigung von Interessen aller Lebewesen, unabhängig ob menschlich oder nichtmenschlich[24]. Die Konsequenzen der innerartlichen Anwendung dieses Prinzips unter Menschen sollen in den folgenden Kapiteln kritisch betrachtet werden. Für die Missachtung der gleichen Berücksichtigung von Interessen gegenüber Lebewesen anderer Spezies prägte Singer, analog zu Rassismus und Sexismus, den Begriff „Speziesismus"[25]. Unter diesem Vorwurf lehnen die Vertreter der Tierrechtebewegung, mit durchaus unterschiedlichem Akzent, zum einen den Fleischgenuss, zum anderen Tierversuche in der Forschung als moralisch unvertretbar ab: „A rat is a pig is a dog is a boy. They're all mammals."[26] Bewusst ignoriert dieses Zitat die augenfälligen biologischen Unterschiede zwi-

---

[24] „Die Interessen jedes von einer Handlung betroffenen Lebewesens müssen in derselben Weise betrachtet und gewichtet werden wie die jedes anderen Lebewesens." P. Singer, 1975. In: Animal Liberation.

[25] „Speziesismus ist ein Vorurteil oder eine unausgewogene Einstellung zugunsten der Interessen von Mitgliedern der eigenen Spezies und gegen diejenigen von Mitgliedern anderer Spezies. Es sollte klar sein, dass die grundlegenden Einwände gegen Rassismus und Sexismus … ebenso auf Speziesismus zutreffen." Ebenda.

[26] „Eine Ratte ist ein Schwein ist ein Hund ist ein Junge. Sie sind alle Säuger."

schen den Spezies, misst allen die gleiche moralische Wertigkeit und damit auch das gleiche Recht auf Leben zu. Dementsprechend sei medizinische Forschung nur unter völligem Verzicht auf Tierversuche und die Herstellung von Medikamenten nur ohne Produkte dafür getöteter Tiere akzeptabel, selbst dann, wenn dadurch die Rettung von Menschenleben verhindert werde. Hier hat eine Haltung Verbreitung gefunden, die sich meist auf Singer beruft, aber über dessen eigene Position hinausgeht. Er selbst leitet aus der postulierten moralischen Relevanz von Schmerzen bei Tieren kein allgemeines Recht auf Gleichbehandlung zu Menschen ab.

Unter den Befürwortern von Tierversuchen wurde zunächst der Vorwurf des Speziesismus bestritten, dann aber setzte sich unter ihnen die Haltung durch, dass, im Zusammenhang mit Tierversuchen, Speziesismus ein zutreffender Begriff für ein allerdings durch moralisch relevante Unterschiede zwischen Menschen und Tieren gerechtfertigtes Verhalten sei[27]. Die beiden Positionen zugrunde liegende, für die Legitimität des Umgangs des Menschen mit Tieren zentrale Frage lautet also nicht, wie groß oder wie klein die biologischen Unterschiede zwischen uns Menschen und anderen Spezies sind, sondern ob diesen Unterschieden eine moralische Qualität innewohnt, die eine speziesspezifische Ungleichbehandlung rechtfertigt.

Zweifellos sind Genetik und Evolutionslehre mit der Beantwortung dieser Frage überfordert, da sich die zu überprüfenden moralischen Aspekte ihrem Instrumentarium entziehen. Dennoch bieten verschiedene biologische Sachverhalte Gelegenheit, im Speziesismus-Streit vorgebrachte Argumente zu überprüfen.

---

[27] „Ich bin ein Speziesist. Speziesismus ist nicht bloß plausibel; er ist notwendig für richtiges Verhalten, weil diejenigen, die nicht die moralisch relevanten Unterschiede zwischen Spezies machen, dadurch fast mit Sicherheit ihre wahren Verpflichtungen verletzen. Die Analogie zwischen Speziesismus und Rassismus ist hinterhältig." C. Cohen, 1986. In: The case for biomedical experimentation.

Unabhängig davon, ob zwischen Menschen und Tieren ein kategorialer Unterschied moralischer Wertigkeit gesehen wird, entspricht es fast universal verbreiteter vorwissenschaftlicher Intuition, innerhalb des Tierreiches graduelle Unterscheidungen zu treffen. Eine Fliege zu erschlagen und einen Hund zu erschlagen wäre bei strenger Einhaltung der Kategorisierung „hie Mensch, da Tier" moralisch gleich bedeutungslos, wird aber sicher von den meisten Menschen als unterschiedlich empfunden. Die artengeschichtliche Stellung des Hundes ist zwar zweifellos näher am Menschen als die eines Insektes, aber innerhalb des evolutionären Kontinuums lässt sich keine biologisch begründbare Schwelle zur moralischen Bedeutsamkeit von Lebewesen erkennen[28]. Am prägendsten für den intuitiven moralischen Status von Tieren sind wohl deren mit unseren Sinnen erfassbaren Ausprägungen ihres neurobiologischen Entwicklungsstandes: Ein Säugetier, das Schmerzen empfindet, erregt menschliches Mitgefühl, weil es durch sein Verhalten für uns erkennbar machen kann, dass es leidet. Intuitionswidrig ist allerdings die biologische Tatsache, dass auch Insekten über ein sensibles Nervensystem verfügen und aller Wahrscheinlichkeit nach ebenfalls Schmerzen empfinden können. Es entspringt offenbar einem menschlichen Denkfehler, als Kriterium für die moralische Schutzwürdigkeit eines Lebewesens nicht seine Fähigkeit zum Empfinden von Leid zu machen, sondern sein Verhaltensrepertoire, das empfundene Leid für uns erkennbar zu äußern. Insofern ist auch die Grenzziehung in unserem Tierschutzgesetz verfehlt, das nur bei Wirbeltieren eine Betäubung vor der Tötung fordert. Dabei ist längst erwiesen, dass beispielsweise Tintenfische zu Sinnesleistungen fähig sind, die denen mancher unserer vertrauten Haustiere zumindest ebenbürtig sind.

---

[28] In extremer Konsequenz wird dieser Gedanke von der „Gaia"-Bewegung weitergedacht, die auch keinen Unterschied zwischen dem Lebensrecht von Tieren und Pflanzen macht. Sie beruft sich auf den indischen Jainismus, der moralisch nur zwischen Unbelebtem *(ajiva)* und Belebtem *(jiva)* unterscheidet.

Ist Speziesismus im Sinne von *species loyalty*, also der Bevorzugung von Mitgliedern des eigenen Art gegenüber Artfremden, ein Privileg des Menschen? Sicherlich nicht. Im Gegenteil hat schon Konrad Lorenz gezeigt, dass die spezifisch auf Artgenossen bezogene Beißhemmung als „moralanaloges Verhalten" den meisten höheren Tieren eigen ist, weil sie die Überlebenschancen im sozialen Verband und damit den Bestand der gesamten Art begünstigt. Ausnahmen im Tierreich wie die Tötung der von seinem Vorgänger gezeugten Welpen durch den neuen Herrn im Löwenrudel oder die Verspeisung des Spinnenmännchens nach der Paarung lassen sich unmittelbar aus evolutionären Grundmechanismen erklären. Kurz gesagt: Speziesismus verhindert Kannibalismus oder hält ihn zumindest in sozialverträglichen Grenzen. Genau diese saubere Trennung zwischen ritualisierter innererartlicher und ungebremster zwischenartlicher Aggression funktioniert bei uns Menschen, begünstigt durch unser von Instinkten wenig eingeengtes Verhaltensrepertoire, weniger zuverlässig als bei allen anderen Lebewesen. So gesehen ist der Mensch die am wenigsten speziesistische, oder zumindest in ihrem natürlichen Speziesismus inkonsequenteste, Spezies von allen.

Wenn wir uns nun als im Einklang mit natürlicher innerartlicher Loyalität berechtigt und sogar verpflichtet fühlen, zugunsten der Entwicklung Menschen rettender Heilverfahren Tierversuche durchzuführen, und wir gleichzeitig entsprechend unserer moralischen Intuition anderen Kreaturen kein unnötiges Leid zufügen wollen, ohne deren Leidensfähigkeit genau zu kennen, bleibt uns nichts als ein pragmatisches Vorgehen. Am Anfang muss die selbstverständliche Reduzierung von Tierversuchen auf das unumgängliche Maß, ihre Durchführung mit möglichst schonenden Verfahren und die Suche nach Alternativmethoden stehen. Darüber hinaus besteht ein sozusagen tierschutzutilitaristischer Weg zu möglichst geringem Leiden von Versuchstieren darin, als Versuchsobjekt die neurobiologisch primitivste und damit vermutlich am wenigsten leidende Tierart auszuwählen, an der ein Versuch noch sinnvoll durchführbar ist[29]. Hier stößt die Forschung aber auf einen unauflöslichen Konflikt, da die Ergebnisse von Tierversuchen in aller Regel um so zuverlässiger auf den Menschen übertragbar sind, je näher diese Tierart mit uns verwandt ist. Manche medizinischen Fragestellungen, zum Beispiel die Entwicklung von AIDS-Impfstoffen, lassen sich tierexperimentell sogar nur an Primaten verfolgen. Einem gegenüber unseren nächsten Verwandten besonders problematischen Zuviel an Tierversuchen steht aber, neben der Zurückhaltung der Forscher selbst und den unerlässlichen behördlichen Überwachungsmaßnahmen, ein sehr wirksamer marktwirtschaftlicher Mechanismus entgegen. Aufwand und Kosten der Haltung von Versuchstieren nehmen mit ihrem Entwicklungsniveau rapide zu, so dass auch der skrupelloseste Forscher kein Interesse daran haben könnte, auch nur einen teuren Hund oder Affen mehr zu untersuchen als unbedingt erforderlich.

Dies mag rein ethisch betrachtet ein schwaches Argument sein, es ist aber von enormer praktischer Bedeutung. Nicht überall auf der Welt hat der Tierschutz einen gleich hohen kulturellen und rechtlichen Stellenwert; ein Blick auf die Praxis des Walfangs macht das deutlich. Wenn allerdings moralische und monetäre Überlegungen in die gleiche Richtung weisen, ist auch im Zeitalter der globalisierten Wissenschaft die Gefahr eher gering, dass Gefälle in ethischen Standards zwischen verschiedenen Ländern für den Export fragwürdiger Forschungsmethoden ausgenutzt werden.

---

[29] Dem versucht unser Tierschutzgesetz Rechnung zu tragen: „Versuche an sinnesphysiologisch höher entwickelten Tieren, insbesondere warmblütigen Tieren, dürfen nur durchgeführt werden, soweit Versuche an sinnesphysiologisch niedriger entwickelten Tieren für den verfolgten Zweck nicht ausreichen." (§ 9 Abs. 2 TierSchG).

Transgene Organismen: Manipulierte Schöpfung?

Das neben Tierversuchen wohl am heftigsten umstrittene Gebiet der Biomedizin ist die Herstellung genetisch veränderter Lebewesen, sei es, wie die schon erwähnte „OncoMouse", als Objekte der Forschung, sei es zur Nutzung in der landwirtschaftlichen Produktion. Innerhalb der vielfältigen Formen von Kritik lassen sich fundamentale („Der Mensch darf nicht Gott spielen") und pragmatische („Transgene Lebewesen gefährden die natürliche Artenvielfalt") Argumentationslinien unterscheiden. Unumstritten ist zunächst, dass jede Form von genetischer Rekombination zwischen Spezies nur durch die Einheitlichkeit der genetischen Grundmechanismen möglich ist: Die Produktion von Insulin in Colibakterien funktioniert nur, weil das menschliche Insulingen in das Genom des Bakteriums integriert werden kann und auch dessen Enzymapparat dem einer humanen Zelle so ähnlich ist, dass die genetische Information in das herzustellende Protein umgesetzt werden kann.

Ist das Einbringen von Genen in fremde Spezies ein Frevel an der Natur? Grundsätzlich nein, denn sie hat es uns selbst vorgemacht. Schon seit den Versuchen von Lederberg und Tatum in den vierziger Jahren des vergangenen Jahrhunderts ist bekannt, dass Bakterien Gene nicht nur vertikal weitergeben, also durch Vererbung von einer Generation zur nächsten, sondern auch horizontal durch Austausch zwischen benachbarten Individuen. Inzwischen steht fest, dass der horizontale Gentransfer auch zwischen verschiedenen Bakterienspezies stattfindet, was wir beispielsweise bei der Übertragung von Resistenzplasmiden gegen Antibiotika unangenehm erfahren müssen. Derselbe Mechanismus macht aber auch vor höheren Organismen bis hin zu uns selbst nicht halt; es sei nur an die Aufnahme mitochondrialer Gene in unseren Zellkern erinnert. Er ist also ein ganz normaler Mechanismus der Artenentwicklung, dem wir letztlich unsere eigene Existenz verdanken. Entsprechend müssen sich alle in diesem Sinne natürlich transgenen Lebewesen der Selektion durch ihre Umweltbedingungen stellen, die, so scheint es, bislang zuverlässig die Einhaltung des Prinzips *natura non facit saltus* garantiert hat.

Auch wenn also die Erzeugung transgener Lebewesen nichts prinzipiell Naturwidriges ist und Fundamentalkritik auf dieser Ebene nicht greift, wäre es doch ein klassischer naturalistischer Fehlschluss, alles in der Natur Vorkommende auch für dem Menschen erlaubt zu erklären. Ernst zu nehmende pragmatische Bedenken gibt es ja nicht wenige. So zum Beispiel die Angst von Allergikern vor unerwarteten Fremdproteinen in genetisch veränderten Nahrungsmitteln oder die Sorge, dass herbizidresistente „Superunkräuter" durch Auswildern von Genen aus genmanipulierten Kulturpflanzen entstehen könnten.

Auf der anderen Seite stehen durchaus ernst zu nehmende Ansätze, mit Hilfe transgener Nutzpflanzen schwerwiegende Probleme der Welternährung zu meistern. So ist Vitamin-A-Mangel in armen Ländern weit verbreitet, in denen eine einseitige Ernährung mit Reis vorherrscht, denn Reis enthält keine vom menschlichen Stoffwechsel verwertbaren Vorstufen von Vitamin A. Als mögliches Ei des Kolumbus aus der „grünen" Gentechnologie wurde der „Golden Rice" entwickelt, eine transgene Reispflanze, die durch eingefügte Gene aus Narzissen das Beta-Carotin zu synthetisieren vermag, das der Osterglocke ihre gelbe Farbe verleiht und das vom Menschen in Vitamin A umgewandelt werden kann. In einer Mischung von *global responsibility* und *public relations* verzichtete die Entwicklerfirma Monsanto auf ihre Patentrechte und gab den Golden Rice zur weltweiten Nutzung frei. Allerdings stehen der Praktikabilität einige Probleme entgegen, so die Tatsache, dass für eine ausreichende Vitamin-A-Versorgung eines Reisessers etwa 2 Kilogramm Golden Rice pro Tag notwendig wären – dies auch nur unter der keineswegs gesicherten Voraussetzung, dass sich die Reispflanze unter Feldbedingungen nicht durch Herunterregulieren des Stoffwechselweges des für sie nutzlosen metabolischen Ballastes der Vitaminproduktion entledigt. Das wohl wichtigste Argument gegen den Einsatz transgener Nutzpflanzen für die Verbesserung der Welternährung kommt aber aus der Entwicklungspolitik: Eine originär ausgewogene Ernährung macht jede Form artifizieller Vitaminsubstitution überflüssig. Erst die Einführung der industriellen Monokulturlandwirtschaft in Verbindung mit der Überbevölkerung hat zu der bestehenden Massenfehlernährung in den Tropen geführt. Folgerichtig und auch von der Welternährungsorganisation als einzig nachhaltiger Ausweg aus dem Vitaminmangel propagiert ist eine Rückbesinnung auf gewachsene regionale Formen des Landbaus. Schon privater Gartenbau im Kleinmaßstab kann Golden-Rice-Programme entbehrlich machen: Eine einzige Mangofrucht deckt den Vitamin-A-Tagesbedarf einer vierköpfigen Familie.

Die lokal sehr unterschiedlichen Formen traditioneller Landwirtschaft sind ja ihrerseits Produkte einer jahrtausendelangen kulturellen Evolution, in der die Methoden, die am effizientesten die natürlichen Ressourcen in für den menschlichen Stoffwechsel geeignete Produkte umsetzten, ihren Betreibern einen Selektionsvorteil verschafften. Mit guten Gründen wird vermutet, dass das Aussterben der Neandertaler auch eine Folge der Erfindung des Ackerbaus durch den sich mit seiner Hilfe ausbreitenden *homo sapiens sapiens* war.

Jeder genetisch veränderte Organismus ist den Mechanismen der Selektion unterworfen, wobei die individuelle Vitalität durch funktionierende Organfunktionen und die Anpassung an die lokalen Umweltbedingungen und Nahrungsangebote bestimmt wird, während die für den Fortbestand der Genveränderung ebenso entscheidenden Fortpflanzungschancen von der Konkurrenzsituation mit Artgenossen abhängen. Dabei ist es biologisch unerheblich, ob eine Genveränderung durch zufällige Mutation, konventionelle Zuchtwahl oder molekularen Gentransfer zustande gekommen ist. Konstitutionen, die auf Präferenzen des Menschen zurückgehen, stellen im Überlebenskampf der Wildnis zumeist Störfaktoren dar, die eine unkontrollierbare Ausbreitung von Zuchtformen recht zuverlässig verhindern. Ein entlaufenes Angorakaninchen entspricht in seinem Genbestand nach wie vor einem Wildkaninchen, wird aber außerhalb seines Stalles kaum eine Chance haben, Jägern und Witterungsbedingungen zu widerstehen oder sich gar mit seinen wilden Artgenossen zu paaren[30].

Speziell transgene Mikroorganismen wie beispielsweise insulinproduzierende Colibakterien sind nach allen bisherigen Erfahrungen außerhalb definierter Laborbedingungen nicht lebens- oder verbreitungsfähig. Dies hat dazu geführt, dass die zunächst vorsichtshalber extrem scharfen Isolationsvorschriften für die Züchtung transgener Bakterien in den letzten Jahren weltweit gelockert wurden, ohne dass Unfälle bekannt geworden wären. Hier schützt sich die Natur offenbar sehr wirksam selbst, zumal sie Jahrmillionen Erfahrung mit den durch den oben erwähnten lateralen Gentransfer natürlich transgenen Mikroben hat.

Entsprechend verwundert nicht, dass bei transgenen höheren Lebewesen, bei denen die Veränderungen einzelner Gene in einen viel komplexeren Organismus eingreifen als bei Einzellern, die Lebensfähigkeit meist schwerwiegend eingeschränkt ist. Immundefiziente oder tumordisponierte Mäuse, die zu For-

---

[30] Hiermit nicht zu verwechseln sind Faunenverfälschungen: Werden Tiere künstlich in Lebensräume gebracht, in denen sie keine ebenbürtigen natürlichen Nahrungskonkurrenten haben, können sie innerhalb kurzer Zeit ganze Ökosysteme zerstören, so geschehen mit der Einfuhr von Kaninchen durch jagdbegeisterte Briten nach Australien oder dem Eroberungszug von, vermutlich aus Terrarien entflohenen, Schlangen auf dem zuvor schlangenfreien Hawaii. In einer solchen Situation können sich auch Haustiere über viele Generationen als Wildpopulation etablieren, wie etwa die von Haushunden abstammenden australischen Dingos, die allerdings die angestammten Raubbeutler weitgehend zum Aussterben brachten.

schungszwecken genverändert wurden, können außerhalb von Speziallabors nicht überleben und haben auch unter optimalen Bedingungen eine sehr hohe spontane Sterblichkeit. Dies ist nun ein Ansatzpunkt für den Tierschutz: Die Frage, ob überhaupt und gegebenenfalls für welche Forschungsziele die künstliche Erzeugung schwer kranker Säugetiere zulässig sein soll, ist natürlich heftig umstritten. Immer wieder wird in diesen Diskussionen der Vergleich transgener Tiere in der Forschung mit konventionellen „Qualzüchtungen" angestellt, also beispielsweise Hunden mit Skelettfehlbildungen wie Bulldoggen, die nicht artgerecht zubeißen können, oder Schäferhunden, die zu Hüftverrenkungen neigen. Ethisch ist es aber sicher ein erheblicher Unterschied, ob die vom Menschen herbeigeführte genetische Defektvariante einer Tierart der Krebsforschung oder ästhetischen Effekten dienen soll. Von untergeordneter Bedeutung ist dagegen, ob die Genveränderung durch konventionelle Zuchtwahl von Spontanmutationen oder durch gezielte Mutagenese erzeugt worden ist.

Unabhängig von solchen ethischen Erwägungen haben sich bei den bisherigen Versuchen, genetisch veränderte Tiere in die Landwirtschaft einzuführen, große praktische Hürden aufgetürmt. Schon die technische Erfolgsrate der Erzeugung transgener Säuger ist ernüchternd: Beim Versuch, durch Mikroinjektion menschlicher Gene in befruchtete Rindereizellen Kühe zu erzeugen, die mit ihrer Milch humane Proteine produzieren, führten über 11 000 Versuche zu genau 9 transgenen Tieren – der Rest entwickelte sich nicht zum Embryo, überstand die Tragzeit der (Leih-)Mutterkuh nicht oder nahm das Fremdgen nicht auf. Hier liegt übrigens das pragmatische Motiv für das reproduktive Klonen von Säugetieren nach dem „Dolly-Prinzip": Es soll ermöglicht werden, die wegen der ineffizienten Erzeugungsmethoden raren und wertvollen transgenen Tiere genetisch identisch zu vervielfältigen. Allerdings entstand auch das Schaf Dolly erst nach 277 Fehlversuchen, aus einer Euterzelle seiner Mutter und einer entkernten Eizelle eines anderen Schafes einen entwicklungsfähigen Embryo zu erzeugen. Auch die Ergebnisse technisch gelungener Gentransfers entsprechen zumindest bislang nur selten dem Erwünschten. Versuche, durch erhöhte Produktion von Wachstumshormonen oder den genetischen *knockout* des das Muskelwachstum begrenzenden Gens Myostatin schneller wachsende und fettärmere Rinder und Schweine zu erzeugen, führten zu Tieren, deren Skelett ihr eigenes Gewicht nicht tragen konnte.

Auch wenn zu erwarten ist, dass die Verfahren für die Erzeugung transgener Säuger, ebenso wie für das reproduktive Klonen, künftig in Richtung von mehr Effizienz verbessert werden, bleibt dennoch auch auf lange Sicht die Tatsache bestehen, dass Genveränderungen in der Keimbahn ein unkalkulierbares Risiko für die Entstehung schwerst geschädigter Lebewesen bergen – und das wäre *wrongful life* in seiner eigentlichen Bedeutung. Auch wenn es angesichts der Ähnlichkeit der menschlichen Fortpflanzungsbiologie mit der anderer Säuger rein technisch durchaus machbar erscheint, verbietet sich schon allein hierdurch jeder Ansatz, mit welchem Ziel auch immer transgene Menschen zu erzeugen. Damit wirken hier naturwissenschaftliche Bedenken als gleichgerichtete Ergänzung zu den auf der Hand liegenden, sich am Begriff der Menschenwürde festmachenden ethischen Argumenten gegen Eingriffe in die menschliche Keimbahn. Selbst für einen noch so skrupellosen Experimentator wäre wohl das Risiko des Scheiterns so entmutigend groß, dass literarische Phantasieszenarien wie das eines aus den Überresten Hitlers neue Führer klonenden Josef Mengele wohl beruhigend realitätsfern bleiben werden[31].

Darüber hinaus sind menschliche Eigenschaften wie Intelligenz, Langlebigkeit oder aber Aggressivität, die gezielt zu

---

[31] Ira Levins Roman „The boys from Brazil" wurde 1978 mit Gregory Peck als Mengele und Laurence Olivier als von Simon Wiesenthal inspiriertem Nazijäger verfilmt.

manipulieren noch am ehesten wissenschaftliche Faszination oder despotische Allmachtsphantasien auslösen könnten, allesamt multifaktorielle, also durch ein komplexes Zusammenwirken zahlreicher verschiedener Erb- und Umweltfaktoren bestimmte Merkmale. Hier in steuernder, gar gezielt verbessernder Weise eingreifen zu wollen, erscheint beim heutigen primitiven Stand der Werkzeuge für die genetische Manipulation ungefähr so aussichtsreich wie der Versuch, die Mona Lisa zu verschönern, indem man sie mit Farbbeuteln bewirft.

Kapitel 2

Rassen – Launen der Natur?

„Nichtsdestoweniger stimmen alle Rassen in so vielen unbedeutenden Details ihres Körperbaus und in so vielen geistigen Eigenschaften überein, dass diese nur durch Vererbung von einem gemeinsamen Vorfahren erklärbar sind; und ein so charakterisierter Vorfahre würde es wahrscheinlich verdienen, als Mensch eingeordnet zu werden." (Charles Darwin, 1871)[32]

Die Rechtfertigung von Machtpolitik durch Mythen und Ideologien, die den Eroberern Höherwertigkeit gegenüber den Unterdrückten zuschreiben, war schon immer ein Grundmotiv der Geschichte. Bis zum Beginn der Neuzeit war dies eine Domäne religiöser Dogmen, in deren Schutz sich politische Machtinteressen ungestört verfolgen ließen und die mancherorts bis heute fortwirken. Der Kolonialismus, der zeitlich mit dem Aufstieg der Naturwissenschaften und dem politischen Autoritätsverlust religiöser Instanzen zusammenfiel, erzeugte dann einen Bedarf nach neuen Motiven für weltweites Hegemonialstreben. Neben einer in der Furcht vor dem „Untergang des Abendlandes" kulminierenden geschichtsphilosophischen Strömung war es vor allem die sich entwickelnde Biologie, die für die politisch nutzbare Definition von Wertunterschieden zwischen verschiedenen Völkern und ihren Kulturen herangezogen wurde. Scheinbar ideale Instrumente für die Etablierung der das Zeitalter des Imperialismus mitprägenden und in perverser Konsequenz letztlich bis nach Auschwitz führenden „Rassenlehren" waren Genetik und Evolutionstheorie.

---

[32] C. Darwin, The Descent of Man.

Es wäre aber weit gefehlt, die Urväter Mendel und Darwin als Wegbereiter des Holocaust beschreiben zu wollen. Der Mönch Mendel bewegte sich, wohl schon aus Vorsicht vor kirchlichen Autoritäten, zumindest in seinen überlieferten Zeugnissen nur im Pflanzenreich und überließ den Transfer seiner Erkenntnisse auf den Menschen anderen Forschern. In Darwins späteren Arbeiten rückte zwar der Mensch immer stärker in den Mittelpunkt seines Denkens, aber es war ihm erkennbar daran gelegen, die einheitliche Abstammung der Menschheit zu betonen und den unterschiedlichen Erscheinungsformen menschlicher Rassen[33], entsprechend seinem an Finken entwickelten Verständnis von Anpassung an Umweltbedingungen, keine Wertungen beizumessen.[34]

Der Rassismus hat vielmehr ältere Wurzeln: Schon im achtzehnten Jahrhundert war ein philosophischer Streit über die Abstammung der menschlichen Rassen entstanden. Die Polygenisten, am prominentesten unter ihnen Voltaire[35], postulierten unterschiedliche Ursprünge verschiedener Völker und

---

[33] Der Begriff „Rasse" für nach ihrer regionalen Herkunft zuzuordnende, durch in sich konstante phänotypische Varianten von anderen Rassen unterscheidbare, aber mit ihnen fruchtbare Populationen einer Spezies ist biologisch auch beim Menschen korrekt. Die durch den hier zu beschreibenden Missbrauch begründeten Vorbehalte gegen seine Verwendung beim Menschen sind, historisch wohl begründet, im Deutschen wesentlich stärker als in anderen Sprachen.

[34] „Obwohl die existierenden Rassen des Menschen sich in vielerlei Hinsicht unterscheiden, wie in Farbe, Haar, Schädelform, Proportionen des Körpers etc., sind sie sich doch in der Gesamtbetrachtung ihres Körperbaus in einer Vielzahl von Punkten sehr ähnlich. Viele von diesen sind so unbedeutend oder in ihrer Natur so einmalig, dass es äußerst unwahrscheinlich ist, dass sie unabhängig voneinander in Spezies oder Rassen unterschiedlichen Ursprungs entstanden sein könnten ... Dieselbe Feststellung gilt mit gleicher oder größerer Deutlichkeit bezüglich der zahlreichen Punkte geistiger Ähnlichkeit zwischen den verschiedenen Rassen des Menschen." C. Darwin, 1871. In: The Descent of Man.

[35] „Man hat Menschen und Tiere überall auf der Welt gefunden, wo sie bewohnbar ist; wer hat sie dorthin geschickt? Wie bereits gesagt: derjenige, der die Kräuter auf den Feldern wachsen lässt. Und es war nicht überraschender, in Amerika Menschen zu finden als Mücken." Voltaire, 1756. In: Essai sur les moeurs.

bedienten sich, um nicht in offenen Widerspruch zur bibli-
schen Schöpfungsgeschichte zu geraten, der noch älteren Idee
von „Prä-Adamiten". Dem stellten sich die Monogenisten
entgegen, unter ihnen Kant, die alle Menschen derselben
„Naturgattung" zugehörig sahen[36]. Schon damaligen Beob-
achtern dieses Streites entging nicht, dass die philosophischen Ungleichheitspostulate einen guten Nährboden für ko-
lonialistische Exzesse abgaben[37].

Vorformen eines mit wissenschaftlichen Argumenten hantie-
renden Rassismus waren die Physiognomielehre des Theolo-
gen und Goethe-Freundes Johann Kaspar Lavater, der Schä-
delformen Charaktereigenschaften zuzuordnen versuchte,
und die Sprachgeschichte Friedrich Schlegels, aus der das
Wort „arisch" für die nach seiner Auffassung vom Sanskrit
abgeleiteten europäischen Sprachen stammt.
  Das einflussreichste rassistische Gedankengebäude des
neunzehnten Jahrhunderts stammt vom französischen Gra-
fen Arthur de Gobineau, der drei „Grundrassen" – weiß,
gelb und schwarz – postulierte. Diese verglich er mit den
Ständen des damaligen Frankreich, wobei er in für ihn nahe
liegender Manier die Weißen dem Adel zuordnete. In der
Vermischung von Rassen sah er den Grund für den Nieder-
gang historischer und eine Bedrohung gegenwärtiger Hoch-

---

[36] „Nach diesem Begriffe gehören alle Menschen auf der weiten Erde zu
einer und derselben Naturgattung, weil sie durchgängig mit einander
fruchtbare Kinder zeugen, so große Verschiedenheiten auch sonst in ihrer
Gestalt mögen angetroffen werden. Von dieser Einheit der Naturgattung,
welche eben so viel ist, als die Einheit der für sie gemeinschaftlich gülti-
gen Zeugungskraft, kann man nur eine einzige natürliche Ursache an-
führen, woraus sie, ungeachtet ihrer Verschiedenheiten, entsprungen
sind, oder doch wenigstens haben entspringen können:" I. Kant, 1775. In:
Von den verschiedenen Rassen des Menschen.
[37] „Indem wir die Neger als einen ursprünglich verschiedenen Stamm
vom weißen Menschen trennen, zerschneiden wir nicht da den letzten
Faden, durch welchen dieses gemisshandelte Volk mit uns zusammen-
hing, und vor europäischer Grausamkeit noch einigen Schutz und einige
Gnade fand?" G. Forster, 1786. In: Noch etwas über die Menschenraßen.

kulturen[38]. Die eher naiven Ideen Gobineaus wurden von Richard Wagners Schwiegersohn Houston Stewart Chamberlain zu einer aggressiven Ideologie zugespitzt, in der die – biologisch nicht näher charakterisierten – „Arier" mit den Deutschen an ihrer Spitze im beständigen Kampf um ihre, besonders von den ebenso nebulösen „Semiten" bedrohte, Rassereinheit stünden[39]. Es verwundert nicht, dass Hitler, der Chamberlain 1923 persönlich begegnete, diese krude Mischung von Rassismus und Judenhass begeistert aufnahm und nach seiner Machtübernahme mit seinen „Rassegesetzen" und der Judenverfolgung gewaltsam umsetzte[40].

Der Antisemitismus und Antitziganismus der Nazis, der in den systematischen Massenmord an Juden sowie an Sinti und Roma führte, ließ sich aber nicht einmal konsequent aus ihrer eigenen „Rassenlehre" ableiten, da die verfolgten Völker den postulierten „Ariern" erkennbar näher verwandt waren als beispielsweise Afrikaner oder Ostasiaten. Entsprechend schwer tat man sich auch damit, den verbündeten Japanern einen politisch opportunen Status als „Brüder im Geiste" zuzuschreiben[41].

---

[38] Gobineaus Thesen waren im Europa der zweiten Hälfte des 19. Jahrhunderts sehr populär. Durch seine Zugehörigkeit zum Wagner-Clan hatte er über den Bayreuth-Kult wohl auch indirekten Einfluss auf den Rassenwahn Hitlers.

[39] „Nicht darauf kommt es an, ob wir „Arier" sind, sondern darauf, dass wir „Arier" werden. In dieser Beziehung bleibt ein ungeheures Werk an uns allen zu vollbringen: die innere Befreiung aus dem uns umfassenden und erstickenden Semitismus." H. S. Chamberlain, 1915. In: Arische Weltanschauung.

[40] Hier ist nicht der Raum, um genauer auf die nationalsozialistische Rassenideologie einzugehen; zu diesem Thema liegt umfangreiche Spezialliteratur vor, z. B. Ä. Bäumer (1990) „NS-Biologie" Wissenschaftliche Verlagsgesellschaft, Stuttgart.

[41] So durften auf Druck Japans deutsche Behörden Japaner nicht als „Farbige" registrieren, dennoch wurden mit Hilfe von „Ehetauglichkeitszeugnissen" deutsch-japanische Ehen praktisch unmöglich gemacht.

Der Holocaust markiert den Höhepunkt, aber keineswegs das Ende staatlicher Rassenideologien. Allerdings bemühten sich spätere Ausformungen um ein weniger aggressives Vokabular. So rechtfertigten die südafrikanischen Apartheidsgesetze der fünfziger Jahre die Rassentrennung mit der angeblichen Chance einer „getrennten Entwicklung" der verschiedenen Völker des Landes. Gemeint war allerdings die umfassende Aussperrung Nicht-Weißer aus Wirtschaft und höherer Bildung[42]. Noch heute, nach der Überwindung der Apartheid und nach den Erfolgen der Bürgerrechtsbewegung in den USA, zeugen verbale Entgleisungen von Politikern immer wieder von virulentem rassistischem Gedankengut auch in gebildeten Köpfen[43].

Rassenbiologie: Der Sündenfall der Naturwissenschaft

Die Rassenideologien des zwanzigsten Jahrhunderts hatten, neben dem Kulturrassismus Chamberlainscher Art, auch in die Biologie reichende Wurzeln sowie Vertreter, die selbst gelernte Naturwissenschaftler moderner Prägung waren. Entsprechend fehlte es nicht an Versuchen, durch anthropologische und genetische Studien die Behauptung einer Ungleichwertigkeit der menschlichen Rassen naturwissenschaftlich zu untermauern.

Ein nahe liegender Ansatz war die Überprüfung und, so möglich, Untermauerung des Gobineauschen Credos vom zerstörerischen Effekt von Rassenmischungen, das der Psychiater Alfred Ploetz in eine wissenschaftliche Disziplin um-

---

[42] „Wenn ich erst Kontrolle über die Erziehung der Eingeborenen habe, werde ich sie so reformieren, dass Eingeborene von Kind auf lernen, dass Gleichheit mit Europäern nicht ihre Sache ist." H. F. Verwoerd, Minister of Native Affairs, zum Bantu Education Act 1953.
[43] So musste der republikanische Mehrheitsführer im US-Senat, Trent Lott, Ende 2002 zurücktreten, nachdem er öffentlich bedauert hatte, dass der erklärte Rassist James Strom Thurmond nie Präsident geworden sei.

zuformen versuchte. 1905 gründete Ploetz zusammen mit dem Genetiker Ernst Rüdin die „Gesellschaft für Rassenhygiene", deren satzungsgemäßes Ziel die Förderung der „Theorie und Praxis der Rassenhygiene unter den weißen Völkern" war. Ploetz arbeitete eng mit Darwins greisem Vetter Francis Galton zusammen, der 1904 an der Universität von London einen Lehrstuhl für Eugenik gestiftet hatte. Galton meinte, Rassenhygiene und Eugenik seien doch Synonyme, woraufhin Ploetz und Rüdin ihre Vereinigung für ausländische Mitglieder öffneten und in „Gesellschaft für Rassenhygiene (Eugenik)" umbenannten.

Während Ploetz seine Ideen noch als Utopien bezeichnete[44], war es doch nicht mehr weit bis zu deren praktischer Umsetzung. Besonders hervor taten sich dabei einige fachlich durchaus renommierte Genetiker:

Ausgehend von der Wiederentdeckung der Mendelschen Gesetze und ihrer Anwendbarkeit auf den Menschen studierte Eugen Fischer 1913 im damaligen Deutsch-Südwestafrika die sogenannten „Rehobother Bastaarde", Nachkommen aus Mischehen zwischen einheimischen Hottentotten und niederländischen Siedlern, die im siebzehnten Jahrhundert nach Südafrika gekommen waren[45]. Dabei gelang es ihm nicht, die von der rassenhygienischen Theorie postulierten gesundheitlichen Schwächen der „Basters" nachzuweisen. Dennoch machte Fischer eine steile wissenschaftliche Karriere. Zusammen mit Fritz Lenz und Erwin Baur veröffentlichte er 1921 den „Grundriss der menschlichen Erblichkeitslehre und Rassenhygiene", den Hitler während seiner

---

[44] „Es handelt sich um die Grundlinien einer rassenhygienischen Utopie, über deren komisches und grausames Äußere der Leser nicht zu erschrecken braucht; es ist ja nur eine Utopie von einem einseitigen, durchaus nicht allein berechtigten Standpunkt aus ..." A. Ploetz, 1895. In: Grundlinien einer Rassenhygiene.
[45] Die Afrikaans sprechenden „Basters", wie sich sich in bewusster Aufnahme des einstigen Schimpfnamens selbst bezeichnen, stellen heute eine ihre kulturelle Eigenständigkeit betonende Volksgruppe dar, die etwa 3 % der Bevölkerung Namibias ausmacht.

Haft in Landsberg 1923 las und später zur Grundlage der Nürnberger Rassengesetze machte. Was mit der in dem Buch geforderten „zielbewussten Bevölkerungspolitik" gemeint war, wurde an den Nachkommen nicht-weißer französischer Soldaten aus der Zeit der Besetzung des Rheinlandes nach dem ersten Weltkrieg vorexerziert: 1937 wurden auf Betreiben einer von Rüdin geleiteten Arbeitsgemeinschaft im Reichsinnenministerium, der auch Fritz Lenz angehörte, 385 jugendliche sogenannte „Rheinland-Bastarde" zwangssterilisiert.

Auch hier gab es keine wissenschaftlich haltbaren Hinweise darauf, dass diese Menschen in irgendeiner Weise weniger gesund, intelligent oder leistungsfähig gewesen wären als „reinrassige" Deutsche. Dieses Ergebnis wäre schon nach den damals bereits bekannten genetischen Zusammenhängen zu erwarten gewesen: Bereits vor den Rehoboth-Studien Fischers hatte der Stuttgarter Frauenarzt Wilhelm Weinberg mathematische Methoden entwickelt, die Verteilung von Erbanlagen in Populationen zu errechnen[46]. Daraus lässt sich ableiten, dass die Gefahr des Zusammentreffens überdeckter rezessiver Krankheitsanlagen, die sich dann als Erbkrankheit manifestieren, bei Kindern von Eltern unterschiedlicher Rassezugehörigkeit nicht etwa erhöht, sondern besonders gering ist[47]. Dass diese Tatsache dem rassenhygienischen Gedankengut frontal zuwiderläuft, hinderte Rüdin und seine Zeitgenossen aber nicht daran, sich in ihren eige-

---

[46] Seine, unabhängig von ihm auch 1908 von dem britischen Mathematiker Godfrey H. Hardy entwickelte, „Hardy-Weinberg-Formel" ist nach wie vor die wichtigste Grundlage der Populationsgenetik.

[47] Dazu eine Beispielrechnung: In A-Land liege die Mischerbigenhäufigkeit für das rezessive Erbleiden K bei 20 %, für das Erbleiden L bei 2 %, in B-Land sei es umgekehrt. Dann liegt das Risiko für eine Reinerbigkeit und damit den Ausbruch von K für Kinder eines Elternpaares aus A-Land bei 1/100, für L bei 1/10000, entsprechend umgekehrt in B-Land. Kinder eines gemischten Ehepaares aus A-Land und B-Land haben dagegen für beide Krankheiten ein Risiko von je 1/1000. Damit ist die Gefahr für „reinrassige" Kinder, von einer der beiden Krankheiten betroffen zu sein, etwa fünfmal so groß wie für „gemischtrassige".

nen genetischen Studien nach Belieben der Methoden Weinbergs zu bedienen.

Dies mag nur als ein Beispiel dafür dienen, dass der Missbrauch der Biologie als Werkzeug rassistischer Ideologien immer wieder gegen besseres Wissen ihrer Protagonisten und mit dem Ziel ihres eigenen Fortkommens geschah – ein Dokument des Versagens von Wissenschaft gegenüber ihrer gesellschaftlichen Verantwortung.

Abstammung des Menschen: Ein Adam der Weißen?

Wenden wir uns nun etwas genauer den immer wieder gemachten Versuchen zu, Rassendiskriminierung biologisch zu begründen, also mit Hilfe naturwissenschaftlicher Theorien die objektiven Unterschiede in den Erscheinungsbildern von Menschen verschiedener Populationen in Wertunterschiede umzudefinieren[48].

Am frühesten und zugleich am nachhaltigsten machte sich der biologisch orientierte Rassismus an der menschlichen Abstammungsgeschichte fest. Im alten Streit zwischen Monogenisten und Polygenisten, ob die verschiedenen menschlichen Rassen überhaupt eine einheitliche Spezies darstellen, begann sich mit dem Durchbruch der Evolutionstheorie der Monogenismus durchzusetzen[49]. Kennzeichnend für die damalige Diskussion war die Frage, ob entsprechend der Definition ei-

---

[48] Der Begriff „Populationen" soll im Weiteren synonym zum historisch belasteten Begriff „Rassen" verwendet werden.

[49] „Die Frage, ob die Menschheit aus einer oder mehreren Spezies besteht, ist in den letzten Jahren unter Anthropologen viel diskutiert worden, die sich in die beiden Schulen von Monogenisten und Polygenisten teilen. Jene, die das Prinzip der Evolution nicht anerkennen, müssen Spezies als getrennte Schöpfungen betrachten ... Jene Naturforscher dagegen, die das Prinzip der Evolution anerkennen, und dies ist nun für die Mehrzahl der Jüngeren der Fall, werden nicht daran zweifeln, dass alle Rassen des Menschen von einem einzigen primitiven Vorläufer abstammen." C. Darwin, 1871. In: The Descent of Man.

ner einheitlichen Spezies alle Rassen des Menschen untereinander fruchtbar seien. Hieran bestehen inzwischen rein empirisch keinerlei Zweifel mehr. Über solche lebenspraktischen Überlegungen hinaus gewann die Speziesdebatte im neunzehnten Jahrhundert aber auch eine politische Dimension. Louis Agassiz, ein 1846 in die USA ausgewanderter Schüler des Paläontologen Cuvier, profilierte sich mit der religiös gefärbten These, Neger seien zoologisch von Weißen zu trennen, da sie in ihrer Abstammung nicht auf Noah zurückgeführt werden könnten. Das ihm zugeschriebene Wort vom „Adam der Weißen" diente in der Zeit des amerikanischen Sezessionskrieges als Schlagwort für die Beibehaltung der Sklaverei. Pikanterweise erfreut sich Agassiz wegen seiner Opposition zu Darwin auch bei der aktuellen Kreationistenbewegung ungebrochener Popularität.

Als scheinbar objektiven Maßstab für die geistige Überlegenheit der weißen Rasse zogen Agassiz und seine Parteigänger die Arbeiten des Anthropologen Samuel Morton heran, eines erklärten Polygenisten. Ausgehend von der Hypothese einer direkten Beziehung zwischen Hirnvolumen und Intelligenz füllte Morton Totenschädel mit Bleikugeln und maß deren Volumen. Nachdem er feststellen musste, dass es innerhalb derselben Rasse eine große individuelle Schwankungsbreite gab, die keine klare Diskriminierung (hier im doppelten Sinn des Wortes) zwischen verschiedenen Rassen zuließ, erhob er Daten über Durchschnittswerte an großen Schädelsammlungen; allein über 300 Schädel amerikanischer Indianer wurden ausgemessen. Letztlich schrieben Mortons Daten die höchste Hirnkapazität den Europäern zu – unter ihnen an erster Stelle den Engländern –, gefolgt von Chinesen, Polynesiern und amerikanischen Indianern. Am Ende der Rangliste wurden Afrikaner und australische Aborigines geführt.

Gut hundert Jahre später überprüfte der Evolutionsbiologe Stephen Jay Gould Mortons Rohdaten und konnte nachweisen, dass dieser schon bei der Datenerhebung sehr großzügig vorgegangen war, indem er nach Belieben unwillkommene Messwerte aus seinen Berechnungen eliminierte. Nach Goulds korrigierten Daten bleibt beim Menschen keinerlei Zusammenhang des Hirnvolumens zur Rasse übrig, sondern lediglich zur Körpergröße. Dabei ist schon Mortons Grundpostulat einer Beziehung von Hirnvolumen und Intelligenz untauglich, wie allein die Tatsache beweist, dass einige Tierarten wesentlich größere Gehirne haben als Menschen[50]. Dass sich ausgerechnet Louis Agassiz, der Mortons Daten für seine Rassenbiologie begierig aufnahm, zeitlebens für die Rechte von Frauen einsetzte, sei nur am Rande vermerkt.

In der Paläontologie des Menschen funktioniert der Zusammenhang zwischen Schädelgröße und Entwicklungsstand durchaus gut; dies schon deshalb, weil – ganz im Sinne der Gouldschen Daten – bei den Primaten in ihrer Entwicklung zu den aktuellen Arten hin auch die Körpergröße immer weiter zunahm.

Bis weit ins zwanzigste Jahrhundert hinein hielt sich allerdings eine fatale Vermischung paläoanthropologischer und ethnologischer Zuordnungen. So konstruierte Henry Fairfield Osborn, der sich durch die Erstbeschreibung des Tyrannosaurus Rex als einflussreichster Paläontologe seiner Zeit profiliert hatte, aus den Pamphleten Mortons und eigenen Schädelmessungen an ausgestorbenen Prähominiden einen Stammbaum des Menschen. Darin zweigte sich in der Altsteinzeit die Entwicklung des Frühmenschen in – nach ihrer Intelligenz abgestuft – Kaukasier, Chinesen, Hottentotten und Australier auf. Den als höhlenmalenden Kulturträger renommierten Cro-Magnon-Menschen stellte Osborn als Seitenlinie der kaukasischen Rasse dar. Eine besonders promi-

---

[50] „Wenn entweder die absolute Größe des Gehirns oder das Schädelvolumen als Maßstab für Intelligenz genommen würde, müssten der Elefant und der Wal die Herren der Schöpfung sein." E. Fee, 1979. In: Nineteenth-century craniology.

nente Rolle als Kronzeuge der Aufspaltung der menschlichen Rassen und speziell als „erster Brite" spielte für Osborn der „Piltdown-Mensch", über dessen Entdeckung 1912 von dem britischen Rechtsanwalt und Fossiliensammler Charles Dawson berichtet worden war[51]. Der Piltdown-Mensch hatte aber, wie sich erst Jahrzehnte später herausstellte, einen entscheidenden Nachteil: Es hat ihn nie gegeben. Das vorgebliche Fossil war eine Fälschung, die aus Skelettteilen neuzeitlicher Menschen und Orang-Utans zusammengebastelt worden war.

Ob Dawson alleiniger Urheber der Fälschung war, konnte nie geklärt werden. An den Grabungen in Piltdown beteiligt und von der späteren Aufklärung des Betruges aufs Peinlichste berührt war ausgerechnet der Jesuitenpater Pierre Teilhard de Chardin, der später mit seiner Philosophie der Aussöhnung zwischen Evolutionstheorie und Christentum Weltruhm erlangte.[52]

Out of Africa: Eva war schwarz

Die endgültige Entscheidung des Speziesstreits zugunsten des Monogenismus kam erst mit der Molekulargenetik. Hier stellt das menschliche Genom mit seinen DNA-Varianten ideale Werkzeuge für die objektive Abstammungsforschung

---

[51] „Die Geschichte der Anthropologie umfasst keine Geschichte beharrlicher Exploration, Entdeckung und Erforschung, die mehr Beachtung und Lob verdient hätte als die des Dawn Man von Sussex, ... die wenigen kostbaren Fragmente eines der ursprünglichen Briten, die in einem feuerfesten Safe vor den Bomben der deutschen Flieger bewahrt wurden und die auf diese Weise wohl für alle Zukunft vor Dieben geschützt sein werden ..." H. F. Osborn, 1928. In: The Dawn Man of Piltdown.

[52] „Der Mensch, nicht Mittelpunkt des Universums, wie wir naiv geglaubt hatten, sondern, was viel schöner ist, der Mensch, die oberste Spitze der großen biologischen Synthese. So bildet der Mensch, der Mensch allein, die letztentstandene, die jüngste, die zusammengesetzteste, die farbenreichste der einander folgenden Schichten des Lebens." P. Teilhard de Chardin, 1939. In: Der Mensch im Kosmos.

zur Verfügung[53]. Besonders hilfreich für die Evolutionsforschung sind die Varianten der DNA des männlichen Y-Chromosoms und der Mitochondrien: Erstere werden nur vom Vater auf den Sohn, letztere – Spermien transportieren bei der Befruchtung praktisch keine Mitochondrien in die Eizelle – in rein mütterlicher Linie weitervererbt.

Gegenüber der DNA der Chromosomen des Zellkerns zeichnet sich die der Mitochondrien durch eine ungenauere Fehlerkorrektur bei der Vererbung und deshalb durch eine zehnfach höhere Mutationsrate aus. So entstehen im Laufe der Generationen immer wieder neue mitochondriale DNA-Varianten, die an Nachkommen weitergegeben werden. Daher lassen sich die Mitochondrien als „Tagebuch" der menschlichen Evolution verwenden: Findet sich dieselbe mitochondriale DNA-Variante bei Menschen aus verschiedenen Populationen, so müssen sie gemeinsame Vorfahren haben. Zudem lassen die unterschiedlichen Varianten auf die Zahl der zwischen ihnen liegenden mütterlichen Generationen und damit auf die Dauer der getrennten Entwicklung schließen.

Auf diesem Wege ließ sich die aus Skelettfunden wie „Lucy" und dem Toumaï-Menschen abgeleitete Hypothese eines afrikanischen Ursprungs der Menschheit erhärten. Die historisch älteste noch bestehende menschliche Population sind die als „Buschleute" bekannten südafrikanischen Khoisan, deren

---

[53] Genetische Varianten ohne Krankheitswert werden auch als Polymorphismen bezeichnet. Sie können auf Proteinebene nachweisbar sein, so z.B. die Blutgruppen des AB0-Systems, aber auch in molekularen Varianten, z.B. in sich tandemartig wiederholenden inhaltsleeren DNA-Sequenzen, wie sie beim „genetischen Fingerabdruck" in der rechtsmedizinischen Spurenanalyse oder für Vaterschaftsbestimmungen eingesetzt werden.
So findet sich durchschnittlich alle 300 Basenpaare der DNA des Menschen ein Einzelnukleotid-Polymorphismus (SNP, ausgesprochen „snip") mit einer meist funktionell bedeutungslosen Variante eines Basenpaares der DNA. Soweit sie keinen Einfluss auf die Gesundheit und die reproduktive Fitness eines Individuums haben, unterliegen SNPs keinem Selektionsdruck und werden über viele Generationen nachverfolgbar nach den Mendel'schen Gesetzen weitervererbt.

stammeseigene mitochondriale Varianten etwa 120 000 Jahre zurückreichen. Nachdem unabhängig hiervon die ältesten Varianten des männlichen Y-Chromosoms ebenfalls zu den Khoisan etwa desselben Zeitalters führten, kann mit Fug und Recht angenommen werden, dass die nur noch etwa fünfzigtausend Khoisan die nächsten noch lebenden Verwandten unser aller Ureltern sind. Ihnen aber das Etikett „Steinzeitmenschen" anheften zu wollen, wäre ein grober Fehlgriff. Ihre Kultur des die kargen Ressourcen der Halbwüste schonenden Jagens und Sammelns kommt gerade unter dem neuen Namen „nachhaltige Wirtschaft" zu globalen Ehren; auch das Gemeinschaftseigentum an Produktionsmitteln hat nicht erst Karl Marx erfunden.

Von Südafrika aus fanden Wanderungsbewegungen und, mit jedem Abreißen des Kontaktes zur Ursprungspopulation, Gründungen neuer Völker zunächst in anderen Regionen Afrikas statt. Erst vor etwa 89 000 bis 35 000 Jahren verließen Afrikaner in mehreren Wanderungswellen ihren Kontinent, zunächst in Richtung Asien. Erst hieraus entwickelten sich alle anderen Populationen der Menschheit. Die heutigen Europäerinnen lassen sich offenbar auf fünf verschiedene „Urmütter" zurückverfolgen. Mehr noch: Studien an Y-Chromosomen legen nahe, dass die Völker des modernen Europa keinen zeitlich festlegbaren Ursprung haben, sondern aus mehreren weit auseinander liegenden Einwanderungswellen vor zwischen 40 000 und 15 000 Jahren hervorgegangen sind.

Sogar blinde Passagiere hat die Menschheit auf ihren Wanderungen mitgenommen. Das im Magen parasitierende Bakterium *Helicobacter pylori*, das für die Entstehung von Magengeschwüren mitverantwortlich ist, begleitet uns seit Hunderttausenden von Jahren. Der Vergleich von Varianten im Erbgut von *H. pylori*, die aus den Mägen von Menschen verschiedener Populationen gewonnen wurden, spiegelt dann auch exakt die Abstammungsgeschichte der Mitochondrien und Y-Chromosomen ihrer Träger wider: Auch unsere mikrobiellen Parasiten bezeugen also, dass unsere Vorfahren ihren gemeinsamen Ursprung in Afrika haben.

In der Malerei war die Darstellung von Adam und Eva lange Zeit die einzig zulässige Möglichkeit, nackte Menschen zu porträtieren. Offenbar gingen die Künstler aber von einem Irrtum aus: Weiß waren die beiden mit Sicherheit nicht.

Auf seinem Eroberungszug um die Welt hat der *homo sapiens sapiens* auch stammesgeschichtlich ältere Verwandte verdrängt: Vergleiche mitochondrialer DNA aus Überresten von Neandertalern mit der moderner Menschen lassen einen überraschend großen genetischen Abstand erkennen. Der gemeinsame Ursprung von Jetztmensch und Neandertaler liegt etwa viermal weiter zurück als derjenige der heute existierenden Populationen untereinander; im Genreservoir von uns Europäern haben die Neandertaler keine erkennbaren Spuren hinterlassen. Ob die relativ kurze Zeit des offenbar nicht reproduktiven räumlichen Kontaktes vor etwa 40 000 – 30 000 Jahren die Folge von Selektionsvorteilen durch kulturelle Überlegenheit oder aber von Genoziden ist, muss wohl der Spekulation überlassen bleiben.

Vergleicht man die verwandtschaftlichen Beziehungen verschiedener heute existierender Völker anhand von DNA-Varianten, so zeigt sich eine viel größere genetische Diversität innerhalb Afrikas als zwischen Afrikanern und allen anderen Populationen. Nach der Verteilung ihrer Y-chromosomalen DNA-Mutationen sind Khoisan von Pygmäen genetisch wesentlich weiter entfernt als letztere von Europäern, Asiaten oder Indianern.

Damit entlarvt sich unser an scheinbar objektiven geographischen und phänotypischen Kriterien festgemachtes Konzept menschlicher Rassen als ein krudes Gemisch soziokultureller Zuschreibungen ohne biologische Grundlage[54]. „Die Afrikaner" mag es kolonialhistorisch oder entwicklungspolitisch geben, nicht aber stammesgeschichtlich, schon gar nicht „die Neger". Der Evolutionsbiologe Kenneth Kidd fasste es zusammen: „In fast jeder einzelnen afrikanischen Population, ob man sie nun Stamm nennt oder sonstwie, gibt es mehr genetische Vielfalt als im gesamten Rest der Welt zusammen."[55]

Auch auf die Geschlechterbeziehungen in unseren Vorgängerkulturen lassen die geographischen Wanderungsmuster von mitochondrialen und Y-chromosomalen Varianten ernüchternde Rückschlüsse zu. Während mitochondriale DNA-Varianten recht gleichmäßig über größere Regionen verteilt sind, zeigen sich Y-Varianten in starken ortsständigen Konzentrationen. Dieser Effekt stärkerer genetischer Migration von Frauen als von Männern, der besonders stark in Europa ausgeprägt ist, lässt zwei Erklärungen zu: Einerseits scheinen Frauen häufiger in die sesshaften Familien ihrer Männer eingeheiratet zu haben als umgekehrt, zum anderen liegt die Annahme nahe, dass auch unter unseren eigenen Vorfahren die Polygamie über lange Zeit die verbreitetste Form männlichen Fortpflanzungsverhaltens war. Es besteht also wenig Anlass dazu, diesbezüglich über andere Kulturen die Nase zu rümpfen. Mehr noch: Für die freundlich als „Gründereffekt" umschriebene bevorzugte Vererbung der Gene weniger Einzelpersonen innerhalb einer Population zahlen wir noch heute einen hohen Preis.

Gründereffekte: Danaergeschenke von den Vorfahren

In unserem diploiden Erbgut tragen wir die meisten unserer Gene in zwei Kopien, jeweils auf dem von Mutter beziehungsweise Vater ererbten Chromosom[56]. Trägt eine der

---

[55] K. Kidd, 2000. In: The „science" behind racism.
[56] Die Sonderfälle der geschlechtschromosomalen und mitochondrialen Gene sollen im folgenden Kapitel erörtert werden.

61

beiden Anlagen eine Mutation, führt diese Mischerbigkeit nur dann zu einer manifesten Erbkrankheit, wenn die Defektanlage dominant wirkt, also die Normalanlage überdeckt. Die meisten Defektanlagen sind allerdings rezessiv: Hier wirkt die vom anderen Elternteil ererbte Normalanlage als genetische Sicherungskopie, deren korrekte Information die Funktion des Gens sicherstellt und damit die Ausprägung der Erbkrankheit verhindert. Vermutlich ist jeder Mensch symptomloser mischerbiger Anlageträger für mehrere rezessive Defektanlagen. Problematisch wird diese Eigenschaft nur dann, wenn sich ein Mann und eine Frau fortpflanzen, die beide für eine Defektanlage in genau demselben Gen mischerbig sind. Dann besteht für jedes der gemeinsamen Kinder ein Risiko von 25 % für ein reinerbiges Zusammentreffen beider elterlicher Defektanlagen mit der Folge des Ausbruchs der rezessiven Erbkrankheit. Die Wahrscheinlichkeit des Zusammentreffens rezessiver Defektanlagen ist nun um so größer, je näher die Blutsverwandtschaft zwischen den Partnern, also je höher der Anteil der von gemeinsamen Vorfahren ererbten identischen Anlagen ist.

Hier spielt nun der Gründereffekt eine Rolle: Hat ein Mensch, sei es begünstigt durch hohe Fruchtbarkeit, gesellschaftlichen Status oder militärische Gewalt, eine große Nachkommenschaft, so nimmt in der entsprechenden Population die Häufigkeit der mischerbigen Träger der vom „Gründer" weitergegebenen rezessiven Defektanlagen zu. Dieser Effekt kann noch nach Jahrhunderten die Spuren sexueller Eroberungszüge erkennen lassen.

So ist das seltene rezessive Sjögren-Larsson-Syndrom ursprünglich in der schwedischen Region Västerbotten beheimatet, offenbar zurückgehend auf Ehen unter Nachkommen desjenigen Mitgliedes der im Jahre 1327 dokumentierten ersten Einwandererfamilie, in dem die zugrunde liegende Defektanlage durch eine Neumutation entstanden war[57]. Aber auch in einzelnen Regionen Deutschlands werden immer wieder Fälle von Sjögren-Larsson-Syndrom beobachtet – in Familien nämlich, die aus genau den Orten stammen, die während des Dreißigjährigen Krieges um 1635 von schwedischen Soldaten besetzt waren. Ähnliche Effekte sind von Hämoglobinvarianten bekannt, die im Laufe der Jahrhunderte entlang der Seidenstraße über Tausende von Kilometern quer durch Asien verschleppt wurden.

Dominante Erbleiden können auch ohne Blutsverwandtenehen durch Gründereffekte in einzelnen Populationen gehäuft auftreten, obwohl sie sich schon bei mischerbigen Anlageträgern manifestieren. Dies ist dann der Fall, wenn sie deren Fortpflanzungschancen durch erst im höheren Lebensalter beginnende Symptome nicht wesentlich beeinträchtigen. Dies gilt beispielsweise für manche Abbauerkrankungen des Nervensystems oder für erbliche Krebsleiden, die zumeist erst nach dem dreißigsten Lebensjahr ausbrechen. Zu diesem Zeitpunkt haben sich die meisten Anlageträger bereits fortgepflanzt und die Defektanlage an die Hälfte ihrer Nachkommen weitervererbt.

In einigen Orten der venezolanischen Provinz Maracaibo etwa tragen fast die Hälfte der Einwohner die Anlage für die dort als „mal de San Vito" bekannte Huntington-Krankheit[58]. Sie alle stammen von einer Frau ab, die vor etwa 200 Jahren zu den ersten Siedlern der Region gehörte und zehn Kinder hatte, bevor sie an der Krankheit starb. Auch in den folgenden Generationen führte eine sehr hohe Gebur-

---

[57] Beim Sjögren-Larsson-Syndrom kommt es zu einer fortschreitenden Spastik von Armen und Beinen, schuppigen Hautveränderungen und Ablagerungen in der Netzhaut der Augen.

[58] Die früher als „erblicher Veitstanz" bezeichnete Huntington-Krankheit führt nach zuvor unbeeinträchtigter Gesundheit mit Beginn meist zwischen dem 30. und 50. Lebensjahr nach jahrelang fortschreitenden Bewegungsstörungen, Persönlichkeitsveränderungen und Demenz zum Tode. Ursächlich sind krankhafte Verlängerungen tandemartig wiederholter DNA-Triplettstrukturen im Huntingtin-Gen auf Chromosom 4.

tenrate zu einer rapiden Zunahme von Anlageträgern in der Region.

Etwa 2 % der Ashkenazi-Juden tragen Mutationen in einem der für dominant erblichen Brustkrebs verantwortlichen Gene BRCA1 oder BRCA2. Obwohl in beiden jeweils über zehntausend Basenpaaren großen Genen weltweit Hunderte verschiedener Mutationsformen bekannt sind, finden sich unter Ashkenazim immer wieder drei bestimmte molekular identische Defektanlagen, die auf Gründereffekte zurückzuführen und in anderen Populationen sehr selten sind[59]. Diese Häufung weniger Einzelmutationen in einer bestimmten Population kann dafür ausgenutzt werden, zu vertretbaren Kosten genetische Vorsorgetests anzubieten. Problematisch ist bei einem solchen Populationsscreening allerdings, neben den zweifelhaften therapeutischen Konsequenzen positiver Testergebnisse und den durch sie erzeugten psychischen Belastungen, die Gefahr einer „genetischen Diskriminierung" der Anlageträger, vielleicht sogar einer neuen Eugenik im Gewand der Gesundheitsprävention.

Zum gefährlichen Unsinn werden schließlich solche populationsspezifischen Screeningtests, wenn sie, beispielsweise über das Internet, für Menschen aus anderen Populationen angeboten werden, in denen die untersuchten Mutationen praktisch nicht vorkommen: Für nichtjüdische Europäerinnen ist ein für Ashkenazim konstruierter BRCA-Suchtest völlig unbrauchbar und kann, da er an „europäischen" BRCA-Mutationen vorbeiläuft, sogar ein falsches Gefühl von Sicherheit erzeugen.

---

[59] Entgegen ihrer Bezeichnung als „Brustkrebsgene" sind die BRCA-Gene auch an der Entstehung von Ovarialkarzinomen und bei Männern an Prostatakarzinomen beteiligt; allerdings sind die Mutationen nicht voll penetrant, so dass nicht alle Mutationsträger auch erkranken. Bei Frauen mit einer der Ashkenazi-typischen BRCA-Mutationen liegt das lebenslange Brustkrebsrisiko bei 56 %, bei Männern das Prostatakrebsrisiko bei 16 %.

In historischer, also nach evolutionsbiologischen Maßstäben jüngster Zeit kam es im Zusammenhang mit Kriegszügen oder Verschleppungen immer wieder zur Herausbildung ethnisch geschlossener Populationen in großer Entfernung vom ihrem Ursprungsgebiet.

Das älteste bekannte derartige „Isolatvolk" sind die etwa 3000 Kalash-Kafir im pakistanischen Hindukusch, die sich in Kleidung, Religion und auch ihrer indoeuropäischen Sprache stark von ihren islamischen Nachbarvölkern unterscheiden. Nach ihren eigenen Legenden sind sie Abkömmlinge von Griechen, die mit Alexander dem Großen im Jahre 327 v. Chr. in die Region kamen. Tatsächlich lassen sich bei ihnen mitochondriale Genvarianten nachweisen, die auf westeurasische Vorfahren hindeuten.

Die Hazara, ein mit den Mongolen verwandtes Volk Afghanistans, gehen vermutlich auf Krieger Dschinghis Khans zurück. Sie haben sich, offenbar begünstigt durch ihre Wehrhaftigkeit und die Bewahrung einer eigenen, mit dem Mongolischen verwandten Sprache, in ihrer Umgebung behauptet und sich seit dem Mittelalter aus einer ursprünglich kleinen Gruppe zu einem Millionenvolk entwickelt[60]. Dschinghis Khan war wohl der im Verbreiten seiner Gene erfolgreichste Mensch der Geschichte: Etwa 16 Millionen Männer, die heute im Bereich der mongolischen Eroberungszüge des Mittelalters leben, tragen auf ihrem Y-Chromosom eine offenbar auf ihn zurückgehende Variante.

Die Sinti und Roma stammen aus dem indischen Punjab, von wo sie im neunten bis elften Jahrhundert durch arabische Eroberer als Soldaten und Sklaven zunächst ins Gebiet des oströmischen Reiches verschleppt wurden. Seither leben sie

---

[60] In ihrer Sprache bedeutet „hazara" „die Tausend". Heute stellen die Hazara mit etwa 6 Millionen Menschen ein Fünftel der Bevölkerung Afghanistans.

als von ihrem Ursprungsgebiet getrenntes, aber ethnisch und kulturell eigenständiges Volk in Europa; 1407 wurden sie erstmals urkundlich in Deutschland erwähnt.

Über viele Generationen stabil können solche genetischen Isolatpopulationen aber nur dann bleiben, wenn sie zum einen in Konkurrenz oder Koexistenz mit den in der Region angestammten Völkern ihre Existenz sichern können, zum anderen durch betonte kulturelle Eigenständigkeit und oft auch religiöse Regeln sicherstellen, dass Ehen möglichst nur innerhalb der eigenen Volksgruppe geschlossen werden. Werden diese Abgrenzungen aufgeweicht, gehen Isolatpopulationen innerhalb weniger Generationen durch Vermischung in ihren Umgebungsvölkern auf; dies war beispielsweise wohl das Schicksal der Etrusker, deren Spuren sich im römischen Volk verloren.

Die ethnische Geschlossenheit und religiös-kulturelle Eigenständigkeit, die Sinti und Roma und in ganz ähnlicher Weise auch Juden über Jahrhunderte zum Ziel antitsiganistischer und antisemitischer Vorurteile und Verfolgung machten und leider immer noch machen, sind also nichts anderes als für den Fortbestand dieser Völker unverzichtbare Mechanismen der Sicherung genetischer Identität: Anpassung würde langfristig Auslöschung bedeuten.

Genau diesem Konflikt zwischen Eigenständigkeit und Öffnung sehen sich im Zeitalter der Globalisierung auch Völker wie die Inuit der Polarregionen oder die australischen Aborigines gegenüber, deren genetischer Isolatstatus jahrtausendelang durch die räumliche Trennung ihrer Siedlungsgebiete von denen anderer Völker garantiert wurde.

Für die Bewahrung ihrer kulturellen und damit genetischen Identität müssen Isolatpopulationen aber einen biologischen Preis zahlen, indem sich Gründereffekte rezessiver Mutationen um so stärker ausprägen, je kleiner die davon betroffene

Volksgruppe und je höher dadurch bedingt die Rate an Blutsverwandtenehen ist.

Die etwa 18 000 Old Order Amish stammen von wenigen Familien einer Wiedertäufersekte ab, die Anfang des achtzehnten Jahrhunderts nach Pennsylvania ausgewandert waren. Auch bei ihnen finden, hier aus religiösen Gründen, Heiraten praktisch nur innerhalb der Gemeinschaft statt. Erwartungsgemäß führt die hohe Rate an Blutsverwandtenehen dazu, dass einige andernorts extrem seltene rezessive Erbleiden bei ihnen gehäuft vorkommen. Die im Säuglingsalter tödliche Amish-Mikrozephalie beispielsweise tritt unter den Amish mit einer Häufigkeit von 1:500 Neugeborenen auf, lässt sich über neun Generationen auf ein einzelnes Gründerelternpaar zurückführen und ist in keiner anderen Population je beobachtet worden. Durch diese und andere populationsspezifische Besonderheiten liegt die Kindersterblichkeit in Amish-Gemeinden höher als andernorts in den USA. Doch voreilige Schlüsse sind fehl am Platze: Die Lebenserwartung der Amish liegt insgesamt überdurchschnittlich hoch. Die, ihrerseits religiös motivierte und von vielen belächelte, technikferne Lebensweise der Amish und wohl insbesondere die Abwesenheit von sexuell übertragbaren Krankheiten, Tabak- und Alkoholmissbrauch tragen in der Summe offenbar mehr zur Volksgesundheit bei als der Verzicht auf Verwandtenehen.

Ähnlich wie bei den Amish sind auch in Familien von Sinti und Roma Verwandtenehen relativ verbreitet, weshalb auch bei ihnen rezessive Erbleiden insgesamt gehäuft auftreten. Für die gegenüber anderen Völkern in Europa niedrige Lebenserwartung der Roma spielt dies aber nur eine untergeordnete Rolle. Auch bei ihnen schlagen die äußeren Lebensbedingungen viel stärker zu Buche als ihre, wiederum vorurteilsbeladenen, Familienstrukturen: Schlechter Zugang zu medizinischer Versorgung sowie Armutskrankheiten wie Tuberkulose, die vor allem, aber nicht nur in Osteuropa verbreitet ist, sprechen Bände über den auch im christlichen Abendland herrschenden Umgang mit ethnischen Minderheiten.

Geradezu beschämend für die Mehrheitsvölker ist in diesem Zusammenhang die oft große Offenheit gerade von Isolatpopulationen für die Erforschung genetischer Krankheiten, für die sie durch die Überschaubarkeit ihrer Abstammung von großer Bedeutung sind. Hier haben sich besonders Amish und Roma oft verdient gemacht; ohne ihre Mithilfe bei der Forschung wären viele Erkenntnisse, die der Menschheit insgesamt zugute kommen, nicht möglich gewesen. Bislang findet an vielen ethnischen Minderheiten aber eine postkoloniale Form der Ausbeutung statt: In ganz ähnlicher Weise wie bei der Suche nach tropischen Arzneipflanzen durch die Pharmaindustrie wird hier an den biologischen Ressourcen der Armen geforscht, von den daraus gewonnenen Erkenntnissen profitieren aber die Gesundheitssysteme der Industrieländer. Dem kann nur mit Regeln zum genetischen *benefit sharing* entgegengewirkt werden: Internationale Wissenschaftsorganisationen wollen unser Genom zum gemeinsamen Erbe der Menschheit erklären und es damit rechtlich den Ozeanen oder den Regenwäldern gleichstellen[61]. Daraus würde sich ein Solidarprinzip ableiten, nach dem wie beim Naturschutz Beiträge besonders exponierter Völker zum Gemeinwohl der Menschheit mit internationalen Förderprogrammen honoriert werden. Eigentlich sollte es selbstverständlich sein: Wenn uns osteuropäische Roma-Familien schon mit ihren Blutproben dabei helfen, unsere eigenen Krankheiten zu erforschen, sind wir ihnen zumindest eine ihren Bedürfnissen entsprechende medizinische Grundversorgung schuldig.

---

[61] „Vom Seerecht des 17. Jahrhunderts bis zum internationalen Recht von Luft- und Weltraum des 20. Jahrhunderts sind globale Ressourcen als für die gesamte Menschheit in gleichberechtigter Weise zugänglich und im Interesse kommender Generationen geschützt angesehen worden. Daher kann das internationale Recht einen Präzedenzfall schaffen, indem es das menschliche Genom als gemeinschaftliches Erbe betrachtet ... Wenn es beträchtliche Machtdifferenzen zwischen Forschungseinrichtungen und den Menschen gibt, die zur Forschung Materialien beitragen, ist Ausbeutung zu befürchten, der mit Ausgleichsmaßnahmen *(benefit sharing)* begegnet werden muss. Gerechtigkeitserwägungen fordern dabei Maßnahmen zur Sicherstellung der medizinischen Basisversorgung." HUGO (2000). In: Genetic Benefit Sharing.

Zurück zu den Blutsverwandtenehen: Ihre medizinischen Risiken sind zwar nicht zu leugnen, werden aber in unserem Kulturkreis meist weit überschätzt. Das Grundrisiko für ein Kind eines gesunden, nicht blutsverwandten Elternpaares für irgendeine Form angeborener Krankheit oder Behinderung liegt bei etwa 3–4 %, davon stellen nicht-genetische Probleme wie Geburtsschäden oder mütterlicher Alkoholmissbrauch den Löwenanteil. Bei Ehen zwischen Vettern und Cousinen ersten Grades – die bei uns selten, aber zulässig sind – addiert sich hierzu ein Zusatzrisiko für Erbleiden oder Minderbegabungen von allenfalls 2 %, wenn nicht gerade in der Familie eine bestimmte rezessive Krankheit bekannt ist.

Bei weiter entferntem Verwandtschaftsgrad zwischen den Partnern nimmt der Anteil der von gemeinsamen Vorfahren ererbten Anlagen und damit das Zusatzrisiko schnell weiter ab. Dennoch stoßen hierzulande sogar Paare, die nur weitläufig miteinander verwandt sind, in ihren Familien nicht selten auf aggressive Ablehnung, nur zu oft wird der Begriff der „Blutschande" hervorgeholt. Dass das im Abendland geltende Tabu der Eheschließung innerhalb von Familien mehr sozial als gesundheitlich motiviert ist, wird aber schon daran deutlich, dass der biologisch völlig bedeutungslose Status der Schwägerschaft lange Zeit ebenso ein Ehehindernis darstellte wie Blutsverwandtschaft[62].

In anderen Kulturkreisen, beispielsweise im Islam, gelten ähnliche Eheverbote innerhalb von Kernfamilien wie bei uns[63], dagegen sind Vetternehen die Regel: In Saudi-Arabien werden 40 % aller Ehen zwischen Vettern und Cousinen ersten Grades geschlossen, und auch hier bestimmen soziale

---

[62] Das Ehehindernis der Schwägerschaft wurde in Deutschland erst durch das Eheschließungsrechtsgesetz von 1998 aufgehoben.

[63] „Verboten sind euch eure Mütter und eure Töchter und eure Schwestern, eures Vaters Schwestern und eurer Mutter Schwestern, die Brudertöchter und die Schwestertöchter, eure Nährmütter, die euch gesäugt, und eure Milchschwestern, und die Mütter eurer Frauen und eure Stieftöchter …" (Sure 4:23)

Lebensumstände die Gesundheit von Kindern wesentlich stärker als rezessive Erbkrankheiten.

Auch an dieser Stelle lohnt sich ein Seitenblick auf Charles Darwin: Er war mit seiner Cousine ersten Grades, Emma Wedgwood, verheiratet. Das Paar hatte zehn Kinder, von denen – im neunzehnten Jahrhundert ungewöhnlich – acht ihren Vater überlebten.

Rassenmerkmale: Genetische Folklore?

Welchen biologischen Sinn haben überhaupt die gemeinhin als „Rassenmerkmale" wahrgenommenen populationsspezifischen genetischen und äußeren Charakteristika, und wie sind sie entstanden? Wie bei anderen Organismen auch handelt es sich dabei um die Ergebnisse von Mutationen, die unter den Bedingungen des jeweiligen Lebensraumes die Fortpflanzungschancen ihrer Träger verbesserten.

Gut erforscht sind diese Zusammenhänge am im doppelten Wortsinne oberflächlichsten Merkmal, das für die Zuschreibung von Rassezugehörigkeit herangezogen wird, nämlich der Hautfarbe. Die Evolution der Hautpigmentierung steht im engen Zusammenhang mit der des Haarkleides. Bei überwiegend in Wäldern lebenden behaarten Primaten wie den Schimpansen übernimmt die dichte Körperbehaarung den Schutz vor Verbrennungen durch die ultraviolette Strahlung der Sonne. Als die frühen Hominiden sich aus dem Schutz der Wälder heraus auf Wanderzüge über offenes Gelände Afrikas begaben, war zuviel Behaarung hinderlich, weil zu warm. Daher setzten sich mit der Zeit diejenigen Frühmenschen durch, die wenige Haare, aber viele Schweißdrüsen besaßen. Zum Ausgleich waren sie aber – Schimpansen haben unter ihren Fell eine helle Haut – darauf angewiesen, durch eine hohe Dichte an dunkel pigmentierten Melanozyten in der Oberhaut vor den verbrennenden und krebserregenden ultravioletten Strahlen der Sonne geschützt zu werden. Zudem wird durch starke Sonneneinstrahlung das Vitamin Folsäure in der Haut verstärkt abgebaut; Folsäuremangel führt bei Männern zu einer verminderten Samenzellbildung und bei schwangeren Frauen zu einer erhöhten Rate an Fehlbildungen des zentralen Nervensystems des Kindes. Über diese direkten Wirkungen auf die Fruchtbarkeit entstand ein hoher Selektionsdruck zugunsten dunkler Haut.

Je weiter die Menschen aber nach Norden vordrangen, desto knapper wurde ihr Vitaminhaushalt: Das für Knochenbildung und Immunsystem wichtige Vitamin D kann aus seinen mit der Nahrung aufgenommenen Vorstufen nur unter dem Einfluss von UV-Strahlung in tieferen Hautschichten gebildet werden. Folglich konnten sich in sonnenärmeren Breiten nur Menschen halten, die durch eine pigmentärmere Haut genug UV-Strahlung an den Ort ihrer Vitamin-D-Synthese dringen ließen. Immer wieder kam es auch zur Rückwanderung weiter nördlich lebender Populationen in die Tropen, wie die Präsenz aus Asien stammender Varianten von Y-Chromosomen bei Afrikanern im Subsahararaum beweist. Bei ihnen musste sich wiederum mit der Zeit ein dunkles Hautkolorit durchsetzen.

Die Beobachtung, dass mit zunehmendem Abstand des Lebensraumes von Populationen zum Äquator ihre Hautpigmentierung abnimmt, lässt sich also als Folge des entwicklungsgeschichtlichen Gleichgewichts zwischen Hautpigmentierung, Sonnenschutz und Vitaminhaushalt erklären. Dieser Zusammenhang ist völlig unabhängig von den Verwandtschaftsbeziehungen der Völker. Auch hier erweist sich wieder die Dumpfheit des Konstruktes einer „dunklen Rasse". Eine Ausnahme von dieser Regel sind allerdings ausgerechnet die Inuit der Arktis: Sie können sich ihre eher dunkle Pigmentierung wohl wegen ihrer extrem Vitamin-D-reichen Ernährung mit Fisch und Robbenleber leisten.

Für die Anpassungsvorgänge der Haut an das Leben in anderen Breiten stand genügend Zeit zur Verfügung, da die prähistorischen Wanderungsbewegungen nach Norden über Hunderte von Generationen abliefen. Überfordert wurden die evolutionären Mechanismen aber in jüngerer Zeit, als die Domestikation des Pferdes und die Erfindung von Rad und Seefahrt schnellere Migrationen über große Entfernungen ermöglichten. So konnten sich die aus dem Mittelmeerraum stammenden Araber während der etwa 2000 Jahre, in denen sie entlang des Roten Meeres in heiße Regionen vordrangen, nicht mehr biologisch, sondern nur mehr durch zweckmäßige, den Körper weitgehend bedeckende Kleidung auf die neuen klimatischen Erfordernisse einstellen. Dass solche kulturellen Anpassungsmechanismen ihre Grenzen haben, zeigt allerdings die erschreckend hohe Hautkrebsrate bei weißen Australiern. Die seit dem achtzehnten Jahrhundert hierher deportierten oder eingewanderten hellhäutigen Westeuropäer sind auf äquatornahe Strahlungsverhältnisse denkbar schlecht eingestellt. Sie sind, im Widerspruch zu ihrem verbreiteten kulturellen Überlegenheitsgefühl, den Aborigines in deren angestammter Heimat biologisch hoffnungslos unterlegen.

Vollends grotesk wurden die Verhältnisse im Zeitalter des Massentourismus, der zum einen jeden Zahlungskräftigen binnen Stunden in fremde Klimazonen katapultieren kann und zum anderen eine Minimalanpassung der Haut an überstarke UV-Strahlung – nichts anderes ist die Urlaubsbräune – in Abkehr vom früheren Ideal der vornehmen Blässe zum Statussymbol erhoben hat. Der Preis für das von den südländischen Gastgebern belächelte Sonnenanbetertum sind vorzeitige Hautalterung und Melanome an sonnenexponierten Körperstellen.

Weniger sichtbar als die Hautfarbe, aber noch wichtiger für die Überlebenschancen von Populationen in ihrer lokalen Umwelt sind genetische Abwehrmechanismen gegen biologische Bedrohungen.

Die Membran unserer roten Blutkörperchen beispielsweise enthält zahlreiche Proteine, die als Chemokin-Rezeptoren an der Abwehr von Infektionserregern beteiligt sind. Einige dieser Proteine können nach Bluttransfusionen Unverträglichkeitsreaktionen hervorrufen und sind daher als Blutgruppenmerkmale bedeutsam. Eines davon ist das nach einem betroffenen Patienten benannte Merkmal „Duffy", für das die meisten Europäer positiv, die meisten Afrikaner durch eine Variante im Duffy-Gen negativ sind. Die Erklärung: Einer der häufigsten Malariaerreger, *Plasmodium vivax*, kann nur in solche roten Blutkörperchen eindringen, die an ihrer Oberfläche das normale Duffy-Protein tragen. Wer Duffy-negativ ist, kann also nicht an dieser vergleichsweise milden Form von Malaria erkranken. Gut für die Afrikaner, schlecht für die europäischen Kolonialherren der Vergangenheit und die Touristen von heute. Hier hat sich offenbar über Jahrtausende in der Auseinandersetzung der Einheimischen mit dem Krankheitserreger die schützende Variante durchgesetzt, zumal die Duffy-Negativität offenbar keine nennenswerten gesundheitlichen Nachteile mit sich bringt.

Geht es um lebensbedrohliche Krankheiten, kann sich evolutionär sogar eine ansonsten nachteilige genetische Konstitution auszahlen: Schon lange ist bekannt, dass Blutbildungsstörungen, die mit genetischen Varianten des Hämoglobins zusammenhängen, in ihrer geographischen Verteilung mit dem Verbreitungsgebiet von *Plasmodium falciparum*, dem Erreger der schweren Malaria tropica, übereinstimmen.

Die durch eine Mutation in einem Hämoglobin-Gen verursachte Sichelzellanämie ist im reinerbigen Zustand eine schwere Erbkrankheit, mischerbige Anlageträger sind aber nur mit geringen Symptomen belastet. Diese mögen nach erstweltlichen Medizinbegriffen von einer erblichen Krankheit betroffen sein, aber die veränderte Struktur ihres Hämoglobins bietet *P. falciparum* keine Möglichkeit zur Vermehrung und führt zur Resistenz gegen die Malaria. Für diesen handfesten Überlebensvorteil ist auch der Preis nicht zu hoch, dass in Westafrika die schwere reinerbige Sichelzellanämie viel häufiger ist als andernorts; in manchen Regionen Kameruns sind bis zu 40 % der Bevölkerung mischerbig.

Nicht nur die Empfindlichkeit für Krankheiten, sondern auch manche lediglich als rein kulturell verstandene regionale Besonderheit stellt in Wirklichkeit eine unbewusste Anpassung an genetische Populationsmerkmale dar. So spielt in der ostasiatischen Küche Milch fast keine Rolle, weil bei vielen Asiaten das für die Verdauung von Milchzucker verantwortliche Enzym Lactase nach dem Säuglingsalter seine Aktivität verliert. Nur weil diese Lactoseintoleranz vom Erwachsenentyp, die nach milchhaltigen Mahlzeiten zu quälenden, wenn auch ungefährlichen Verdauungsproblemen führt, bei Europäern so selten ist, hat sich unsere Esskultur mit ihren Sahnesoßen überhaupt entwickelt. Von gesundheitlichem Nachteil ist der Verzicht auf Milch natürlich nicht: Soja tut es kulinarisch genauso, und in ihrer Lebenserwartung haben uns die Japaner sogar einige Jahre voraus.

Im Gegenteil kann der genetisch erzwungene Verzicht auf bestimmte Nahrungsbestandteile für die Volksgesundheit sehr hilfreich sein. Unter Asiaten ist eine Variante des für den Abbau von Alkohol zuständigen Enzyms Aldehyd-Dehydrogenase verbreitet, die eine geringere Aktivität besitzt als die bei Europäern übliche. Dies führt dazu, dass auch vergleichsweise geringe Alkoholmengen einen durch vegetative Begleiterscheinungen als unangenehm empfundenen, von einem kapitalen Kater gefolgten Rausch verursachen. Bei internationalen Banketten mag dies zum Anlass genommen werden, höflich mittrinkende Gäste aus Fernost systematisch außer Gefecht zu setzen. Wichtiger ist für die Asiaten allerdings der Vorteil, dass Alkoholismus in diesem Teil der Welt kein nennenswertes soziales Problem darstellt.

Sport: Domäne der Schwarzen Gazellen?

Die Olympischen Spiele in Berlin 1936 hätten nach dem Willen der sie ausrichtenden Sportfunktionäre Hitlers ein Schauspiel der Überlegenheit der „arischen Rasse" werden sollen.

Doch der schwarze US-Amerikaner Jesse Owens machte ihnen eine Strich durch die Rechnung, indem er in der Leichtathletik in überlegener Manier vier Goldmedaillen gewann und zum Publikumsliebling avancierte[64]. Bei den Siegerehrungen verließ Hitler demonstrativ das Stadion.

Seither haben immer wieder afrikanischstämmige Sportler, von der „schwarzen Gazelle" Wilma Rudolph über „König" Pelé bis zu „Magic" Johnson und „Air" Jordan die Legende von den überlegenen natürlichen Gaben schwarzer Sportler genährt. Auch objektive Daten scheinen diese Sicht zu bestätigen: Afroamerikaner stellen weniger als 15% der Bevölkerung Nordamerikas, aber 70% der Profis in der National Football League und 80% in der National Basketball League.

Die Gehälter und die Popularität der Sportstars sind ohne Zweifel gerade für junge unterprivilegierte Afroamerikaner attraktiv, da viele von ihnen kaum andere Chancen zum sozialen Aufstieg sehen. Dennoch liegt es nahe, hinter diesen Statistiken auch genetische Hintergründe zu vermuten, die Menschen aus afrikanischen Populationen zu besonderen sportlichen Leistungen befähigen. Allerdings haben die umfangreichen hierzu angestellten Studien bislang keine Daten erbracht, mit denen sich diese These untermauern ließe. Weder in der Faserstruktur der Muskeln noch im Energiestoffwechsel oder anderen leistungsassoziierten Eigenschaften lassen sich physiologische Merkmale herausarbeiten oder gar Genvarianten identifizieren, die populationsspezifische Sportlichkeit definieren könnten.

---

[64] „Obwohl uns Kindern täglich eingetrichtert wurde, dass alles Nichtdeutsche nicht wertvoll war, wurde ein Schwarzer unser Idol: der vierfache Olympiasieger Jesse Owens aus den USA. Wir spielten auf dem Sportplatz Jesse Owens: wer am weitesten sprang, wer am schnellsten lief, wer am weitesten warf, der war einfach Jesse Owens. Hörten es die Lehrer, verboten sie uns diese Spiele, aber sie blieben uns die Antwort schuldig, warum ein Neger, Angehöriger einer ‚niederen' Rasse, solche sportlichen Erfolge erringen konnte." M. von der Grün, 1995. In: Wie war das eigentlich?

Diese Erkenntnis ist nur auf den ersten Blick überraschend. Zunächst und vor allem ist sportliche Leistungsfähigkeit keine eindimensionale biologische Eigenschaft, sondern die Summe eines hochkomplexen, in der Genetikersprache „multifaktoriellen" Zusammenspiels von anatomischen, biochemischen und soziokulturellen Gegebenheiten. Weiterhin stellen verschiedene Sportarten ganz unterschiedliche Anforderungen an die individuelle Konstitution: Wer deutlich unter zwei Meter groß ist, taugt nicht zum Basketballspieler, ein massiger Körperbau prädestiniert nicht zum Langstreckenläufer.

Auf dieser Ebene ergeben sich allerdings doch Tendenzen, nach denen in bestimmten Populationen gehäuft auftretende genetische Konstitutionsmerkmale dafür sorgen, dass überzufällig viele Mitglieder dieser Population in das körperliche Anforderungsprofil bestimmter Sportarten passen. Andererseits machen die Unterschiede zwischen verschiedenen Populationen nur einen kleinen Teil der Variationsbreite aus: Fast 95 % aller genetischen Varianten, die es in der Menschheit gibt, finden sich zwischen Mitgliedern derselben Population, nur allenfalls 5 % sind überhaupt populationsspezifisch – in der Leistungsdichte des Höchstleistungssports können sie aber das Zünglein an der Waage sein.

Es ist also nicht biologisch vorbestimmt, aber doch statistisch wahrscheinlicher, dass sich innerhalb eines bestimmten Volkes die für eine bestimmte Sportart ideal geeigneten Athleten häufen.

Gut sichtbar ist dieser Effekt bei den Laufdisziplinen in der Leichtathletik: Sprinter profitieren von breiten Schultern und Hüften, die Raum für große Muskelmassen geben, während für Langstreckler ein schmaler Körperbau mit großem Lungenvolumen bei niedrigem Körpergewicht von Vorteil ist. Beide Konstitutionstypen gibt es in allen Völkern; in ausgeprägter Form ist ersterer bei Westafrikanern, letzterer bei Ostafrikanern besonders häufig. So haben Ostafrikaner eine im

Durchschnitt um 15 % höhere Lungenkapazität als Westafrikaner[65]. Das Ergebnis: In den Sprintdisziplinen teilen bei internationalen Wettkämpfen Westafrikaner und die fast ausschließlich von westafrikanischen Sklaven abstammenden Afroamerikaner die Titel weitgehend unter sich auf, während Medaillen auf Langstrecken überwiegend nach Kenia und Äthiopien gehen. Die Tatsache, dass immer wieder auch Europäer oder Asiaten in die Phalanx der üblichen Siegernationen einbrechen, beweist aber, dass ethnische Zugehörigkeit nur einer von vielen Einflussfaktoren ist. Dass erst im Jahre 2002 der erste Chinese im All-Star-Team der amerikanischen Basketballliga auftrat, liegt jedenfalls mehr an sportpolitischen als an biologischen Einschränkungen.

Welch entscheidende Rolle für sportliche Leistungen auch innerhalb desselben ethnischen Umfeldes soziokulturelle Faktoren spielen, zeigt das Volk der Kalenjin in Kenia. Obwohl sie mit etwa drei Millionen Menschen nur 10 % der Landesbevölkerung ausmachen, stellen sie 70 % der international aktiven Langstreckenläufer Kenias und 40 % aller olympischen Medaillengewinner überhaupt in diesen Disziplinen – mehr als doppelt so viele wie die USA. Die Wahrscheinlichkeit für einen neugeborenen Kalenjin, im Laufe seines Lebens eine internationale Meisterschaft im Langstreckenlauf zu gewinnen, ist gut tausendmal so groß wie für den Durchschnitt der Weltbevölkerung.

Um dies rein biologisch zu erklären, müsste man eine extrem leistungsfördernde, nur bei den Kalenjin existierende genetische Variante vermuten. Diese gibt es offensichtlich nicht, zumal sich die Kalenjin ethnisch nicht wesentlich von Nachbarvölkern zwischen Äthiopien und Tansania unterscheiden. Im Übrigen hätte sich ein derart starker genetischer

---

[65] Die Einteilung in West- und Ostafrikaner ist allerdings grob vereinfachend, da, wie beschrieben, die genetische Diversität unter den Völkern Afrikas größer ist als in allen anderen Kontinenten.

Selektionsvorteil, wenn es ihn denn gäbe, höchstwahrschein-
lich schon längst über die Grenzen dieser kleinen Population
hinaus verbreitet.

Die Erklärung für das Kalenjin-Phänomen liegt zweifellos
woanders, nämlich in den Traditionen dieses Hirtenvolkes, in
denen Laufwettkämpfe seit jeher eine große Rolle spielen;
Langstreckenlauf ist bei den Kalenjin der Volkssport schlecht-
hin. Noch wichtiger ist die Tatsache, dass die ersten Olympiasieger der sechziger Jahre, allen voran Kipchoge Keino, zu
Nationalhelden wurden, denen die gesamte Jugend des Volkes
mit der Unterstützung systematischer Sportförderprogramme
nacheifert. Vor allem sind für einen jungen Kalenjin Erfolge
im Langstreckenlauf die einzige aus eigener Anschauung bekannte Möglichkeit, aus der Armut der Heimat auszubrechen
und zu Ruhm und Reichtum zu kommen.

Kein Zweifel: Für sportlichen Erfolg ist eine geeignete individuelle genetische Ausstattung zwar notwendige, aber keinesfalls hinreichende Voraussetzung; soziale Einflüsse wirken hier viel stärker als ethnische. Gerade in Deutschland hat
das bis in die achtziger Jahre hinein die DDR-Sportpolitik vorexerziert; dass Deutsche-Ost zeitweise pro Kopf fünfmal so-
viele olympische Medaillen gewannen wie Deutsche-West,
lag an vielerlei, aber nicht an ihren Genen.

Intelligenz: Hat Dummheit eine Farbe?

Das bei weitem komplexeste, weil von der größten Zahl an
Genen und äußeren Einflüssen bestimmte Merkmal des Menschen ist die Intelligenz[66]. Gleichzeitig bestimmt die –

---

[66] Die Größe der Anteile von Erb- und Umweltfaktoren an der Intelligenz
ist schwierig zu bestimmen. Der Korrelationskoeffizient von IQ-Tester-
gebnissen bei eineiigen, also genetisch identischen Zwillingen liegt bei
0,85 – für ein rein erbliches Merkmal müsste er 1 betragen –, für zweiei-
ige Zwillinge gleichen Geschlechts liegt er bei 0,6. Danach dürfte etwa
die Hälfte der Varianz durch genetische Einflüsse bestimmt sein.

tatsächlich vorhandene oder auch nur zugemessene – Intelligenz wie keine andere Eigenschaft das soziale Ansehen und die Erfolgschancen eines Menschen: Unsportlichkeit wird gesellschaftlich wesentlich besser toleriert als Dummheit. Kein Wunder also, dass es auch in der Geschichte des Rassismus nicht an Versuchen gefehlt hat, ethnische Klassifikationen von Intelligenz vorzunehmen.

Bevor überhaupt wissenschaftliche Theorien oder Testverfahren für Intelligenz entwickelt worden waren, war im neunzehnten Jahrhundert die Vorstellung weit verbreitet, die Herrschaft der Kolonialmächte spiegele unmittelbar eine biologisch determinierte intellektuelle Überlegenheit der „weißen Rasse" wider. Diese Haltung unterstützende naturwissenschaftliche Daten, so fragwürdig sie auch sein mochten – es sei nur an die Schädelmessungen Mortons und den Rassenstammbaum Osborns erinnert – waren, jedenfalls in den Ländern der Kolonialherren, nur zu willkommen. Durchaus dem Zeitgeist entsprechend waren Ansätze, sogar bestimmte Formen geistiger Behinderung ethnisch zuzuordnen, wie es John Langdon Down mit dem sich bis heute hartnäckig haltenden Begriff der „mongoloiden Idiotie" tat[67].

Am Beginn des zwanzigsten Jahrhunderts begannen sich psychologische Konzepte von Intelligenz zu entwickeln. 1927 postulierte Charles Spearman einen allen kognitiven und krea-

---

[67] „Ich habe seit einiger Zeit meine Aufmerksamkeit auf die Möglichkeit gerichtet, eine Klassifikation der Geistesschwachen zu erstellen, indem man sie verschiedenen ethnischen Standards zuordnet … Eine sehr große Zahl geborener Idioten sind typische Mongolen. Dies ist so ausgeprägt, dass es, werden sie nebeneinander gestellt, schwer fällt zu glauben, dass sie nicht Kinder derselben Eltern sind …" J. L. Down, 1866. In: Ethnic classification of idiots.
Damit beschreibt Langdon Down Menschen mit dem später nach ihm benannten Down-Syndrom, entsprechend der Trisomie des Chromosoms 21. In seinen Konzepten für die Betreuung von Menschen mit geistiger Behinderung war Down dagegen seiner Zeit weit voraus; er gilt als Wegbereiter der Öffnung von Behinderteneinrichtungen und der Behindertenpädagogik.

tiven Leistungen übergeordneten *general factor* der Intelligenz, abgekürzt *g*.

Dass der Faktor *g* existiert, ist inzwischen unter Intelligenzforschern weithin unumstritten, aber nicht, wie er biologisch definiert oder korrekt bestimmt werden kann. Erst recht sind keine genetischen Einzelfaktoren bekannt, die zur Intelligenzbestimmung herangezogen werden könnten. Anders als bei sportlichen Leistungen, die sich in vielen Disziplinen objektiv messen und vergleichen lassen, gibt es bis heute auch in der Testpsychologie keine allgemein akzeptierten Verfahren, die Intelligenzleistungen von Menschen aus verschiedenen Populationen vergleichbar machen könnten. Das größte Problem bei der Erstellung möglichst objektiver Intelligenztests besteht darin, die Lösung der Aufgaben möglichst ausschließlich von *g* und nicht von bewussten oder unbewussten kulturspezifischen Einflüssen abhängig zu machen. So verwundert es nicht, dass von weißen Amerikanern erstellte Tests, in denen unter anderem das Sprachverständnis überprüft wird, schon wegen ihrer Übung im gleichen Sprachgebrauch auch von weißen Amerikanern am besten gelöst werden.

Nichtsdestoweniger sorgte 1994 das Buch *The Bell Curve* für Aufruhr, in dem der gelernte Politologe Charles Murray behauptete, dass für die soziale Unterprivilegierung der Afro-Amerikaner vor allem eine gegenüber ihren weißen Landsleuten durchschnittlich geringere Intelligenz verantwortlich sei. Als Grundlage seiner seither in der Öffentlichkeit als rassistisch und unter Sozialwissenschaftlern und Psychologen als methodisch unkorrekt kritisierten Thesen hatte Murray den von Weißen konstruierten und weiße Bewerber schon durch die Wortwahl in den Aufgaben klar begünstigenden Eignungstest der amerikanischen Armee verwendet.

Diese plumpe Vorgehensweise ist keineswegs neu; in der testpsychologischen Literatur wimmelt es von Studien, in denen – wie immer ethnisch definierte – „schwarze" Probanden besonders schlecht abschneiden. Für klammheimliche Genugtuung derer, die es schon immer gewusst haben wollen, oder für offenes Jubelgeschrei weißer Suprematisten bleibt allerdings kein Raum, da bei solchen vergleichenden Untersuchungen mit schöner Regelmäßigkeit Juden und Asiaten die besten Ergebnisse liefern. Zu diesen Unterschieden trägt wesentlich die soziale Schicht und das familiäre intellektuelle Umfeld bei, aus dem die Probanden stammen. Werden diese gesellschaftlichen Einflussfaktoren berücksichtigt, verringern sich die zunächst frappierenden ethnischen IQ-Differenzen erheblich[68]. Allerdings verbleiben auch bei sogenannten „kulturfreien" Intelligenztests, die ohne Vokabular auskommen, signifikante Unterschiede in den Durchschnittsergebnissen zwischen verschiedenen Populationen. Auch diese Differenzen müssen aber noch methodisch hinterfragt werden; schon die Verwendung von Bleistift und Papier oder der übliche Ablauf von Intelligenztests als schulähnliche Einzelprüfung geht von abendländischen Kulturtraditionen aus und vernachlässigt überdies wesentliche Intelligenzleistungen wie Kommunikation und Sozialverhalten. Wirklich kulturfreie Tests kann es wohl gar nicht geben.

Bei allen methodischen Schwächen spiegeln die Ergebnisse dieser Studien auf der Ebene der Intelligenz das wider, was wir bereits von der Populationsverteilung von DNA-Varianten kennen: Die Variabilität ist innerhalb derselben Population viel größer als zwischen verschiedenen Populationen. Es würde auch der Logik der Evolution zuwiderlaufen, wenn eine die Überlebens- und Fortpflanzungschancen so stark verbessernde Variante wie eine – hypothetische – genetisch bedingt höhere Intelligenz über längere Zeit auf eine Population

---

[68] Die in entsprechenden Studien innerhalb der USA immer wieder reproduzierten Daten ergeben bei jüdischen Probanden einen Durchschnitts-IQ von 117, Asiaten liegen bei 106, Weiße bei 103, Hispanoamerikaner bei 89 und Afroamerikaner bei 85.

begrenzt bliebe, statt sich binnen kurzem im gesamten Verbreitungsgebiet der Spezies durchzusetzen.

Es spricht einiges dafür, dass die artengeschichtliche Abspaltung des Menschen von den anderen Primaten und deren nachfolgende Verdrängung auf Genmutationen zurückgeht, die Schlüsselfunktionen des Gehirns verbesserten, beispielsweise im schon erwähnten Sprachentwicklungsgen FOXP2[69]. Ähnliche Entwicklungen, die dem *homo sapiens sapiens* kulturelle, vielleicht auch militärische Überlegenheit verschafften, dürften auch das Schicksal der Neandertaler besiegelt haben. Gerade angesichts der arteigenen Migrationsfähigkeit und des territorialen Expansionsdrangs des Menschen ist es schon evolutionsbiologisch ziemlich abwegig, an über lange Zeit stabile rassenspezifische Unterschiede in der allgemeinen Intelligenz zu glauben.

Es verbleiben allerdings populationsspezifische Unterschiede in einzelnen intelligenzassoziierten Fähigkeiten. So ist bei Khoisan aus der Kalahari das Unterscheidungsvermögen für akustische Reize im Durchschnitt deutlich besser als bei Menschen aus Industrieländern. Hier stoßen wir auf das Phänomen der neuralen Plastizität: Die Entwicklung des Gehirns ist mit der Geburt keineswegs abgeschlossen, vielmehr werden unter dem Einfluss äußerer Reize weiterhin Schaltstrukturen im Gehirn angelegt. Allerdings nimmt diese Fähigkeit schon im Laufe des Kindesalters immer weiter ab. Wir alle kennen dies von der Tatsache her, dass nur in mehrsprachigen Familien aufgewachsene Kinder tatsächlich mehrere Muttersprachen haben können; im späteren Leben gelernte Sprachen bleiben immer fremd. Jenseits des zehnten Lebensjahres ist, wie das historische Beispiel Kaspar Hauser zeigte, nicht einmal mehr das Erlernen einer fließend beherrschten Muttersprache möglich.

---

[69] Siehe Kap. 1, S. 19.

Offensichtlich werden also auch bei zunächst biologisch gleicher Leistungsfähigkeit des Gehirns deren später als Intelligenz messbare Ausprägungen bei verschiedenen Menschen durch die Umweltbedingungen individuell unterschiedlich geformt. Für einen Steppenbewohner ist die hochkomplexe Fähigkeit, aus Umgebungsgeräuschen diejenigen von Beutetieren und Feinden herauszufiltern, wesentlich wichtiger als das Lösen abstrakter mathematischer Gleichungen. Folglich werden sich seine geistigen Fähigkeiten im frühen Kindesalter in diese Richtung entwickeln. Wenn er später bei einem schriftlichen, ihm fremde Leistungsformen abverlangenden Intelligenztest versagt, liegt das nicht etwa an einer zu geringen, sondern lediglich an einer anders strukturierten Intelligenz.

Die Probe aufs Exempel erlauben Beobachtungen über die Intelligenzentwicklung in unterschiedlichen Kulturen aufgewachsener Kinder: Studien an früh in ethnisch fremde Familien adoptierten Kindern zeigen, dass sie in ihrer Intelligenz ihren Stiefgeschwistern ähnlicher sind als ihren leiblichen Geschwistern. Ob sich die auch in den Adoptionsstudien verbleibenden Unterschiede durch die sozialen Besonderheiten der Adoptivfamilien erklären lassen oder ob doch in den entwicklungshistorisch kurzen Zeiträumen der Entwickung menschlicher Populationen Selektionsvorgänge zugunsten genetischer Einflussfaktoren auf die Intelligenzstruktur stattgefunden haben, ist und bleibt umstritten.

Auch wenn sich letztlich zeigen sollte, dass einzelne genetische Einflussfaktoren auf bestimmte Intelligenzleistungen zwischen verschiedenen menschlichen Populationen unterschiedlich verteilt sind, ließen sich daraus keine Schlüsse auf das geistige Potential von Einzelpersonen ziehen und noch viel weniger pauschale Klassifizierungen von geistig über- oder unterlegenen Rassen aufstellen. Selbst wenn es so wäre, dass die einen für das Spurenlesen, die anderen für soziale Kommunikation und die dritten für mathematische Abstraktionen nicht nur kulturelle, sondern auch biologische

Startvorteile hätten, wären darin Unterschiede in der Anpassungsweise und nicht im Entwicklungsniveau des Gehirns zu sehen.

Einen Europäer als dumm zu verachten, weil er nicht in der Wüste überleben kann oder einen Khoisan, weil er in der Großstadt nicht zurechtkommt[70], ist ungefähr genauso sinnvoll wie einen Fisch als lebensuntüchtig zu bezeichnen, weil er nicht auf Bäume klettern kann.

---

[70] Diese Kollision der Intelligenzkulturen hat der Südafrikaner Jamie Uys 1986 höchst amüsant in seinem Film „The gods must be crazy" („Die Götter müssen verrückt sein") dargestellt.

Kapitel 3

Eva – nur Adams Rippe?

„Die Verachtung der Gelehrsamkeit zeigt sich besonders darin, dass das weibliche Geschlecht vom Studieren abgehalten wird. Wenn etwas dem größten Teil der Menschheit vorenthalten wird, weil es nicht allen Menschen nötig und nützlich ist, sondern vielen zum Nachteil gereichen könnte, verdient es keine Wertschätzung, da es nicht von allgemeinem Nutzen sein kann." (Dorothea Erxleben, 1742)[71]

Woman is the nigger of the world[72]: Neben Speziesismus und Rassismus ist der Sexismus die dritte zu hinterfragende Grundform systematischer Übertragung biologischer Unterschiede in Wertabstufungen[73]. Die Parallelen gerade zwischen der Entrechtung von Frauen und von fremden Völkern sind dabei nicht nur inhaltlich, sondern auch geistesgeschichtlich frappierend. Dies gilt vor allem für die seit dem Aufstieg der Biologie im neunzehnten Jahrhundert bis in die Gegenwart hartnäckig verfolgten Versuche, faktisch etablierte, aber

---

[71] Aus der Streitschrift: „Gründliche Untersuchung der Ursachen, die das weibliche Geschlecht vom Studieren abhalten, darin deren Unerheblichkeit gezeiget, und wie möglich, nötig und nützlich es sei, dass dieses Geschlecht der Gelahrtheit sich befleiße", 1740 verfasst von Dorothea Christiana Leporin. Auf Anweisung des Preußenkönigs Friedrich II. an die Universität Halle durfte sie Medizin studieren und wurde unter ihren Ehenamen Dorothea Erxleben als erste Frau in Deutschland zum Doktor der Medizin promoviert.

[72] „If she won't be a slave, we say that she don't love us. If she's real, we say she's trying to be a man." John Lennon / Yoko Ono (1972) Sometime in New York City. Apple Records.

[73] „Genau deshalb sind Rassismus und Sexismus moralisch unhaltbar: Sie gehen davon aus, dass ein rein biologischer Unterschied auch einen wichtigen moralischen Unterschied bedeutet." H. LaFollette und N. Shanks, 1996. In: The origin of speciesism.

durch Befreiungsphilosophien bedrohte Machtverhältnisse durch naturwissenschaftliche und damit angeblich unumstößliche Argumente zu zementieren.

Seit vorgeschichtlicher Zeit haben in fast allen Kulturen patriarchalische Gesellschaftsstrukturen vorgeherrscht, die offenbar ursprünglich aus der überlegenen physischen Kampfkraft von Männern heraus als „Recht des Stärkeren" entstanden sind. Weibliche Herrscherfiguren wie die Pharaonin Hatschepsut gab es zwar als Ausnahmeerscheinungen bereits in der Antike, sie spiegelten aber keinesfalls egalitär strukturierte Gesellschaftssysteme wider. Im Gegenteil wurden für die Machtentfaltung von Frauen Schreckensbilder wie die ihre Weiblichkeit verstümmelnden, männermordenden Amazonen entworfen. Reine Phantasieprodukte waren kriegerische Frauenstämme allerdings nicht. So wurden 1994 im russischen Pokrovka Gräber bewaffneter, offenbar in Kämpfen getöteter Frauen vom mit den Skythen verwandten Stamm der Sauromatier entdeckt. Auch die spanischen Konquistadoren des 16. Jahrhunderts sahen sich mit kämpfenden Arawak-Frauen konfrontiert.

Von der Antike bis zur Aufklärung zieht sich durch Philosophien und Religionen die ungebrochene Tradition einer als natur- oder gottgegeben vorausgesetzten Unterlegenheit der Frau gegenüber dem Mann. Dabei gab es allerdings durchaus unterschiedliche Tonarten. Während Platon von einer grundsätzlichen Ähnlichkeit, nur bei der Frau gegenüber dem Mann schwächeren Ausprägung der natürlichen Anlagen ausging[74], war die Haltung seines Schülers Aristoteles wesentlich aggressiver. Für ihn waren Frauen defekte Wesen, deren intellektuelle Kapazitäten kaum höher einzuschätzen seien als die von Sklaven, die in Griechenland großenteils unterworfen

---

[74] „Die natürlichen Anlagen sind auf ähnliche Weise in beiden Geschlechtern verteilt, und an allen Geschäften kann die Frau teilnehmen ihrer Natur nach wie der Mann; in allem aber ist die Frau schwächer als der Mann." Platon , nach 387 v. Chr. In: Politeia.

Fremdvölkern entstammten – eine augenfällige Gleichsetzung ethnischer und geschlechtsbezogener Diskriminierung[75][76].

In der Bibel bezieht sich die allfällig postulierte Zweitrangigkeit der Frau immer wieder auf die in der Genesis beschriebene Erschaffung der Frau aus einer Rippe Adams. Diese Haltung findet sich in ganz ähnlicher Weise in Judentum und Islam.

Im europäischen Mittelalter nahmen die Scholastiker, allen voran Thomas von Aquin, die aristotelische Sicht auf und bezeichneten die Frau als durch einen Fehler bei der Zeugung „misslungenen Mann"[77]. Jean-Jacques Rousseau ersetzte die Vorstellung der generellen Minderwertigkeit der Frau durch das Postulat einer naturgegebenen Aufgabenteilung zwischen den Geschlechtern, durch die der Frau die passive und emotionale, dem Mann die aktive und intellektuelle Rolle zukomme. Johann Gottlieb Fichte führte diesen Gedanken in heute geradezu perfide anmutender Weise weiter, indem er die Unterwerfung der Frau als Ausdruck nicht nur ihrer Natur, sondern ihres eigentlichen Willens beschrieb[78]. In der ihm eigenen zynischen Weise brachte Friedrich Nietzsche später das herrschende Rollenbild auf den Punkt: „Das Glück des Mannes heißt: ich will. Das Glück des Weibes heißt: er will."[79]

---

[75] „Der Sklave hat das Vermögen zu überlegen überhaupt nicht, das Weibliche hat es zwar, aber ohne die erforderliche Entschiedenheit …" Aristoteles, um 350 v. Chr. In: Politica.

[76] „Der Mann darf sein Haupt (im Gottesdienst) nicht verhüllen, weil er Abbild und Abglanz Gottes ist; die Frau aber ist der Abglanz des Mannes. Denn der Mann stammt nicht von der Frau, sondern die Frau vom Mann. Der Mann wurde auch nicht für die Frau geschaffen, sondern die Frau für den Mann." 1. Kor. 11, 7–9.

[77] „Femina est mas occasionatus". T. Aquinus, 1273. In: Summa Theologiae.

[78] „Das Weib ist nicht unterworfen, so dass der Mann ein Zwangsrecht auf sie hätte, sie ist unterworfen durch ihren eigenen fortdauernden notwendigen und ihre Moralität bedingenden Wunsch, unterworfen zu sein." J. G. Fichte, 1796. In: Grundlage des Naturrechtes.

[79] F. Nietzsche, 1883. In: Von alten und jungen Weiblein.

Für Rousseau sollten für Frauen als notwendige Folge ihrer natürlichen Andersartigkeit gegenüber Männern andere, gemeint: niedrigere Bildungsziele gesetzt werden[80]. Auch für Arthur Schopenhauer und seine Zeitgenossen Mitte des neunzehnten Jahrhunderts kam eine universitäre Bildung für Frauen nicht in Frage, da sie nach seiner Ansicht als *sexus sequior*, also nicht nur zweites, sondern auch zweitrangiges Geschlecht, jenseits des achtzehnten Lebensjahres nicht mehr zu weiterer Verstandesentwicklung fähig seien[81]. Sachliche Argumente hierfür blieb er allerdings schuldig.

In einer Umfrage erklärten sich noch 1897 zahlreiche Professoren gegen das Frauenstudium, unter ihnen mit den Worten „Amazonen sind auch auf geistigem Gebiete naturwidrig" der Physiker Max Planck, der sonst in seiner wissenschaftlichen Arbeit vor der Neudefinition von Naturgesetzen nicht zurückzuschrecken pflegte[82]. Noch weiter ging in derselben Umfrage der Neurologe Wilhelm Erb, der sogar vor der „hereditäre(n) Übertragung von der unter den studierenden Mädchen ohne Zweifel erheblich zunehmenden Kurzsichtigkeit und der nervösen Disposition" auf deren Nachkommen warnte[83]. Erb machte diese Aussage offenbar wider besseres Wissen: Die Widerlegung des Lamarckismus durch Darwin war damals schon längst Allgemeingut, und Erb selbst war kein genetischer Laie, sondern ist durch seine Studien zur

---

[80] „Nachdem es einmal gezeigt worden ist, dass Mann und Frau weder gleich konstituiert sind noch es sein sollen, was Charakter und Temperament angehen, folgt daraus, dass sie nicht die gleiche Erziehung bekommen sollen." J. J. Rousseau, 1762. In: Émile.

[81] „Der Mann erlangt die Reife seiner Vernunft und Geisteskräfte kaum vor dem 28. Jahre; das Weib mit dem achtzehnten. Aber es ist auch eine Vernunft danach: eine gar knapp gemessene." A. Schopenhauer, 1850. In: Über die Weiber.

[82] „Man kann nicht stark genug betonen, dass die Natur selbst der Frau ihren Beruf als Mutter und als Hausfrau vorgeschrieben habe und dass Naturgesetze unter keinen Umständen ohne schweren Schädigungen, welche sich im vorliegenden Falle besonders an dem nachwachsenden Geschlecht zeigen würden, ignoriert werden können". M. Planck, 1897. In: Kirchhoff, Die Akademische Frau.

[83] W. Erb, 1897. Ebenda.

Vererbung von Muskelkrankheiten in die Medizingeschichte eingegangen.

Der Anatom und Genetiker Wilhelm Waldeyer, der sich durch den von ihm geprägten Begriff „Chromosom" unsterblich gemacht hat, weigerte sich zeitlebens hartnäckig, Frauen als Hörerinnen in seinen Vorlesungen zuzulassen. Es ist wohl eine Ironie der Geschichte, dass sich auch Waldeyers geistiger Urenkel James Watson persönlich abfällig über seine Kollegin Rosalind Franklin äußerte, aber sich gleichzeitig in ziemlich unfairer Weise ihrer Erkenntnisse für die Entschlüsselung der DNA-Struktur bediente[84].

Das weibliche Gehirn:
„Vom physiologischen Schwachsinn"

Mitte des neunzehnten Jahrhunderts, also parallel zur Entstehung des naturwissenschaftlich argumentierenden Rassismus, begannen Mediziner und Biologen, ihre Haltung gegenüber Frauen an anatomischen und physiologischen Befunden festzumachen. Sie bedienten sich auch der gleichen Methoden: Kurz nach den ersten rassenvergleichenden Schädelmessungen Mortons veröffentlichte der deutsche Anatom Emil Huschke 1854 eine anatomische Typologie menschlicher Gehirne. Ausgehend von eigenen Schädelmessungen und aus der Fachliteratur entnommenen Gewichtsangaben von Gehirnen ordnete er Männer einem hochentwickelten „Stirnhirntypus" zu, Frauen, ebenso wie Kinder und Nichteuropäer, einem primitiveren „Scheitelhirntypus"[85]. Unter-

---

[84] „Mit Absicht betonte sie nicht ihre weiblichen Vorzüge … Im Alter von 31 Jahren zeigten ihre Kleider die Phantasie heranwachsender englischer Blaustrümpfe." J. D. Watson, 1968. In: The double helix.

[85] „Aus all diesem geht hervor, dass das Negergehirn … den Typus des kindlichen und weiblichen Hirns eines Europäers besitzt und außerdem sich dem Typus des Hirnes des höhern Affen nähert." E. Huschke, 1854. In: Schädel, Hirn und Seele.

stützung fand er in prominenten Zeitgenossen wie dem Genfer Anatomen und Agassiz-Freund Carl Vogt, der Huschkes Ähnlichkeitsbetrachtungen weiblicher Gehirne noch um die seniler Männer anreicherte[86]. Dennoch schätzte Charles Darwin Vogt auf das Höchste und lobte ihn in der Einleitung zur „Abstammung des Menschen" als Zeugen für seine Evolutionstheorie. Der Münchner Anatom Theodor Bischoff leitete seine Opposition zur höheren Bildung von Frauen unmittelbar aus deren geringeren Gehirngewicht ab; sein schon erwähnter Berliner Kollege Waldeyer lehrte noch 1890, dass die Hirnwindungen als „Substrat der intellektuellen Funktion" beim Mann besser ausgeprägt seien als bei der Frau. Aus diesen angeblich messbaren anatomischen Geschlechtsunterschieden leitete der Neurologe Paul Julius Möbius unter dem programmatischen Titel „Über den physiologischen Schwachsinn der Frau" im Jahre 1900 den Schluss ab, dass Denken für Frauen nicht nur unziemlich, sondern sogar schädlich sei.

Inzwischen hat sich längst gezeigt, dass Form und Gewicht des Gehirns denkbar ungeeignet für die Beurteilung der intellektuellen Fähigkeiten eines Menschen sind. Dies liegt schon daran, dass das bei einer Autopsie gemessene Gewicht eines Gehirns wesentlich vom Alter und den Todesumständen sowie vom Vorgehen des Pathologen abhängt. Dies war den Neuroanatomen seinerzeit durchaus schon bekannt, wie die damalige Mode der Veröffentlichung der Hirngewichte verstorbener Berühmtheiten zeigt: Der Bayernkönig Ludwig II. wurde mit 1330 g – etwa dem Durchschnittswert für Männer – angegeben, Otto v. Bismarck mit 1807 g, sein französischer Kollege Léon Gambetta mit 1294 g. Aus dem zwanzigsten Jahrhundert nachzutragen wären Albert Einstein mit 1230 g und Marilyn Monroe mit 1440 g.

---

[86] „Der erwachsene Neger entspricht, was seine intellektuellen Fähigkeiten angeht, der Natur des Kindes, der Frau und des senilen Weißen." C. Vogt, 1864. In: Lectures on Man.

Von solchen individuellen Varianten abgesehen liegt das durchschnittliche absolute Gewicht des Gehirns von Frauen, wie von der bekannten Korrelation zwischen Hirngröße und Körperlänge[87] zu erwarten, etwas niedriger als das von Männern, allerdings ist es im Verhältnis zum Körpergewicht höher. Inzwischen haben Hunderte von Untersuchungen statistische Beziehungen zwischen Geschlecht und hirnmorphologischen Messgrößen wie Nervenzelldichte, Hirnbasisbreite oder Nervenbahnenverlauf zu zeigen versucht. Bei ansonsten oft widersprüchlichen Ergebnissen dieser Studien haben kernspintomographische Messungen offenbar das Geheimnis des geringeren Gehirngewichtes von Frauen gelüftet: An der Gesamtmasse des Gehirns ist bei ihnen der Anteil der die Nervenzellen tragenden grauen Substanz im Verhältnis zur aus Leitungsbahnen bestehenden weißen Substanz höher als bei Männern. Anders ausgedrückt: Der durchschnittlich geringere zur Verfügung stehende Platz im Schädel kann vom weiblichen Gehirn durch eine effizientere Anordnung der funktionell wichtigen Strukturen kompensiert werden.

Hier mögen sich Klischees von weiblicher und männlicher Ordnungsliebe aufdrängen, was aber wohl doch eine Überinterpretation wäre. Klar ist jedenfalls, dass sich die Intelligenz als komplexes Zusammenspiel anatomischer und biochemischer wie auch genetischer und exogener Faktoren primitiven Bestimmungsversuchen mit Waage und Zentimetermaß entzieht.

Auch aus evolutionärem Blickwinkel wäre eine zwischen Mann und Frau biologisch bestimmt unterschiedliche Intelligenz widersinnig: Abgesehen von den wenigen noch zu besprechenden Y-chromosomalen Genen sind beide Geschlechter mit denselben Erbanlagen ausgestattet[88], von denen über

---

[87] Siehe Kap. 2, S. 56.
[88] Die X-chromosomalen Gene sind zwar bei Frauen in zwei, bei Männern nur in einer Kopie vorhanden, was aber in weiblichen Zellen durch die weitgehende Inaktivierung eines der beiden X-Chromosomen praktisch ausgeglichen wird.

die Hälfte allein für Aufbau und Funktionen des Gehirns verwendet werden. Welchen Sinn sollte es für das Überleben einer wie keine andere auf Intelligenz und kooperatives Handeln im Sozialverband angewiesene Spezies haben, wenn diese genetischen Ressourcen bei der Hälfte der Individuen nicht optimal genutzt würden? Gerade bei der Fortpflanzungsweise des Menschen, die von Monogamie – zumeist jedenfalls – und langer Brutpflege gekennzeichnet ist, ist eine gleich hohe Lebenstüchtigkeit beider Geschlechter bis ins höhere Alter und dafür wiederum eine Synergie der geistigen Leistungsfähigkeiten für den Bestand der Art entscheidend.

Schon die Khoisan[89] als älteste menschliche Zivilisation zeigen, dass die Gleichberechtigung von Männern und Frauen keine europäische Erfindung des 20. Jahrhunderts ist, sondern vielmehr ein seit Jahrtausenden bewährtes Erfolgsmodell für stabile soziale Strukturen.

Zu beantworten bleibt allerdings die Frage, inwieweit, analog zu den offensichtlichen Geschlechterunterschieden in Körperbau und Muskelmasse, auch spezialisierte Funktionsweisen des Gehirns im Sinne einer intellektuellen Arbeitsteilung von Mann und Frau für den artengeschichtlichen Erfolg des *homo sapiens* hilfreich waren oder es gar noch sind.

Auch wenn es keine streng geschlechtsspezifischen Hirnstrukturen und folglich auch keine neuroanatomischen Argumente für erzieherische Rollenschemata gibt, so sind sich Hirnforscher und Testpsychologen aber doch einig, dass es statistisch fassbare Geschlechterunterschiede in einzelnen Hirnleistungen gibt, die sich nicht allein durch soziale Prägungen erklären lassen. Bei Intelligenztests schneiden Frauen in der Gedächtnisleistung und in verbal-kommunikativen Fähigkeiten durchschnittlich besser ab als Männer, während diese sich zumeist im räumlichen Vorstellungsvermögen überlegen zeigen. Hierzu passend finden sich auch Tendenzen

---

[89] Siehe Kap. 2, S. 58.

zu unterschiedlicher Stoffwechselaktivität in für die entsprechenden Funktionen verantwortlichen Hirnregionen. Folgerichtig gibt es auch geschlechtsspezifische Häufungen von Teilleistungsschwächen des Gehirns: Quer durch alle Kulturen betrifft Lese- und Rechtschreibschwäche Jungen häufiger als Mädchen, bei der Rechenschwäche ist es umgekehrt.

Vorsicht aber vor Verallgemeinerungen: Wie bei allen Gruppenvergleichen komplexer Merkmale gilt auch hier, dass die Variationsbreite der Intelligenzprofile innerhalb eines Geschlechtes um ein Vielfaches größer ist als die, wenn auch signifikanten, Differenzen zwischen den Geschlechtern. Es ist also weder Raum für Sexismus noch umgekehrt für Gleichmacherei: Die Intelligenz von Männern und Frauen *ist* unterschiedlich, aber nicht in der Höhe, sondern nur in der Ausrichtung, und auch diese Unterschiede sind so gering und von so vielen anderen Faktoren mitgeprägt, dass der individuelle Vorhersagewert der Geschlechtszugehörigkeit für persönliche Eignungen eines Menschen nahe Null liegt.

Für ein Schubladendenken nach sogenannten Frauen- und Männerberufen liefert die Neurobiologie jedenfalls keine Grundlage, was Genies in „geschlechtsinadäquaten" Fächern wie etwa Johann Heinrich Pestalozzi oder Marie Curie ohnehin schon hinreichend bewiesen haben.

Wie lassen sich die, wenn auch diskreten, geschlechtsassoziierten Intelligenzprofile entwicklungsgeschichtlich erklären? Die ausgeprägtesten Unterschiede zeigen sich bei Fähigkeiten, die in steinzeitlichen Kulturen übliche Arbeitsteilungen widerzuspiegeln scheinen: Männer sind die besseren Jäger, weil im Zielen auf bewegliche Gegenstände überlegen, Frauen die besseren Sammler wegen ihrer besseren Fähigkeit zur Objekterkennung. Es ist durchaus plausibel, diesen Formen von Intelligenzspezialisierung einen evolutionären Vorteil zuzumessen. Sie aber einfach auf heutige Lebensweisen zu übertragen, ist nichts als billiger Biologismus, schon weil die im Zeitmaßstab vieler Generationen wirkenden Mechanismen von Mutation und Selektion viel zu träge sind, dem raschen zivilisatorischen Wandel zu folgen.

Hormone und Geschlechterrollen: Zum Macho geboren?

Auch wenn die in der gesellschaftlichen Realität bestehenden Geschlechterrollen weitgehend Ergebnisse sozialer Zuschreibungen sind, lohnt sich doch die Nachfrage, ob und in welchem Maße biologische Mechanismen an der Prägung des Rollenbewusstseins mitbeteiligt sind. Hier haben wir es mit einem kaum auflösbaren *nature versus nurture*-Problem zu tun. Was ist am Frau-Sein oder Mann-Sein genetisch festgelegt, was bei der Sozialisation aufgezwungen, und was im Zusammenwirken von Ererbtem und Erlerntem als individuelle Prägung des Organismus aufgenommen?

Bei einem in seiner Entwicklung auch nach der Geburt so plastischen Organ wie dem Gehirn muss das Erleben rollenspezifischer Erziehungsmuster zwangsläufig seine funktionelle Differenzierung beeinflussen und als selbsterfüllende Prophezeiung letztlich zu rollenkonformem Verhalten beitragen. Starke Argumente für eine überwiegende Rolle erlernter Geschlechtsidentifikation liefern Erfahrungen mit Kindern, die mit Fehlbildungen der äußeren Geschlechtsorgane geboren wurden. Hier hat sich gezeigt, dass eine frühzeitige Festlegung zugunsten der plastisch-chirurgisch am besten darstellbaren körperlichen Geschlechtsanpassung des Kindes mit dem „Zielgeschlecht" entsprechender Sozialisation in aller Regel zu einer stabilen Geschlechtsidentität führt. Das chromosomal-genetische Geschlecht ist dagegen von nachrangiger Bedeutung.

Das ist auch nicht verwunderlich, denn nicht die geschlechtsbestimmenden Gene selbst, sondern die Geschlechtshormone sind der wichtigste biologische Steuerungsmechanismus der Entwicklung zu Mann oder Frau. Dies gilt nicht nur für die körperliche Entwicklung, sondern auch die Prägung von Verhaltensmustern. Biologische Grundlage dafür sind die Hormonrezeptoren, also an den Kernen der Zellen hormonell beeinflusster Gewebe lokalisierte molekulare Schaltstellen für die steuernde Wirkung der Botenstoffe auf die Aktivität von Genen. Solche Rezeptoren befinden sich keineswegs nur an den Geschlechtsorganen, sondern auch in anderen Geweben wie Skelett und Fettgewebe – und nicht zuletzt in zwischen den Geschlechtern sowie individuell unterschiedlicher Verteilung im Gehirn.

Schon seit Jahrtausenden ist es eine Erfahrungstatsache, dass die Entfernung der Hoden zum einen die körperliche Entwicklung zum Mann blockiert, beispielsweise den Stimmbruch, aber auch aggressive Verhaltensweisen dämpft. Wie wir heute wissen, ist für diese Effekte vor allem der Entzug androgener Hormone, speziell des Testosterons, verantwortlich; auch die immer wieder aufkommenden Diskussionen um die „Entschärfung" männlicher Sexualstraftäter drehen sich um den Entzug von Androgenen durch operative Kastration oder medikamentöse Blockierung der Hormonsynthese.

Umgekehrt führte schon Rudolf Virchow, der Begründer der modernen Pathologie, körperliche und auch geistige Eigenheiten von Frauen auf die in ihrem geweblichen Ursprung den Hoden äquivalenten Eierstöcke zurück und beschrieb damit die Wirkung der noch nicht entdeckten Geschlechtshormone auf anatomischer Ebene[90].

Welch starke Wirkung auf Geschlechtsidentität und Rollenverhalten die Geschlechtshormone bereits vor der Geburt

---

[90] „Das Weib ist eben Weib nur durch seine Generationsdrüse; alle Eigentümlichkeiten seines Körpers und Geistes ... kurz, alles war wir an dem wahren Weibe Weibliches bewundern und verehren, ist nur eine Dependenz des Eierstocks. Man nehme den Eierstock hinweg, und das Mannweib in seiner häßlichen Halbheit steht vor uns." R. Virchow, 1856. In: Das Weib und die Zelle.

und damit vor dem Beginn gesellschaftlicher Prägungen aus- üben, hat vor allem die Forschung über genetische Hormon- störungen gezeigt.

Beim Androgen-Rezeptordefekt führt eine Genmutation dazu, dass Menschen mit normalen männlichen Geschlecht- schromosomen zwar Testosteron bilden, es aber in den Ziel- geweben keine Wirkung entfalten kann. Durch das Überwie- gen der auch im normalen männlichen Stoffwechsel in geringem Maße gebildeten weiblichen Geschlechtshormone entwickeln sie sich als weitgehend unauffällige Mädchen und Frauen mit völlig normaler weiblicher Geschlechtsiden- tität[91]. Nicht selten wird die Diagnose erst im Zusammen- hang mit dem unerfüllten Kinderwunsch einer erwachsenen betroffenen Frau gestellt. Dann ist es ein fataler, aber leider immer wieder gemachter Fehler der betreuenden Ärzte, die weibliche Selbstidentifikation der Patientin und mitunter auch ihre Ehe mit der Aussage „Eigentlich wären Sie ja ein Mann" zu erschüttern: Die Geschlechtszugehörigkeit wird durch das Bewusstsein und nicht durch Laborbefunde be- stimmt. Klugerweise hat bei uns wie in vielen anderen Län- dern auch der Gesetzgeber inzwischen den Vorrang der psy- chosozialen vor der chromosomalen Geschlechtszuordnung anerkannt.

Bei der kongenitalen Nebennierenhyperplasie (CAH), einer erblichen Synthesestörung der Geschlechtshormone, kommt es bei chromosomal unauffälligen Mädchen schon im Mut- terleib zu einer vermehrten Bildung wirksamer Androgene. Sie werden mit zumeist milden, chirurgisch gut korrigierba- ren Auffälligkeiten der äußeren Geschlechtsorgane geboren, und die Hormonstörung lässt sich medikamentös ausglei- chen. Dennoch zeigen auch gut behandelte Mädchen mit

---

[91] Die früher für den Androgen-Rezeptordefekt übliche Bezeichnung „te- stikuläre Feminisierung" ist zu Recht nicht mehr üblich, weil sie von be- troffenen Patientinnen als Angriff auf ihre Geschlechtsidentität verstan- den werden kann.

CAH ein auffallend „männliches" Spielverhalten bis hin zur Bevorzugung von Spielautos gegenüber Puppen, obwohl zu vermuten ist, dass ihre Eltern eher besonders hohen Wert auf eine weiblich rollenkonforme Erziehung legen dürften. Im Erwachsenenalter lassen sich bei CAH-Patientinnen entgegen ihrer unbeeinträchtigten weiblichen Geschlechtsidentität Intelligenzprofile mit Stärken im räumlichen Vorstellungsvermögen nachweisen, wie sie eher für Männer typisch sind.

Offenbar gibt es in der Entwicklung des menschlichen Gehirns schon vor der Geburt beginnende Prägungen durch Geschlechtshormone, denen soziale Einflüsse allenfalls modifizierend entgegenwirken können. Auch wenn es manchen feministischen Konzepten zuwiderläuft: Die Behauptung, dass Geschlechterrollen rein gesellschaftliche, allein durch Erziehung vermittelte Konstrukte seien, muss als widerlegt gelten. Männern dagegen sollte es zu denken geben, dass die geschlechtsspezifische Prägung des Gehirns von Androgenen vermittelt wird und sich bei deren Funktionsausfall auch bei sonst normalen männlichem Erbgut eine Entwicklung zur Frau vollzieht. Wie auch noch bei der Struktur der Geschlechtschromosomen zu besprechen sein wird, hat Aristoteles unrecht: Frauen sind nicht verkrüppelte Männer[92], sondern Männer sind – überspitzt formuliert – umprogrammierte Frauen.

Auch Frauen bilden natürlicherweise etwa ein Zehntel der männlichen Menge an Testosteron. Und innerhalb der für beide Geschlechter feststellbaren Normen gibt es individuelle Unterschiede im Testosteronspiegel. Die besten Intelligenzleistungen beim räumlichen Vorstellungsvermögen erbringen Frauen mit relativ hohem und Männer mit relativ geringem Testosteronspiegel. Machos wird es missfallen: Bei der hormonellen „Vermännlichung" des Gehirns gilt also die Regel „Viel

---

[92] „So wie manche Nachkommen verkrüppelter Eltern verkrüppelt sind und manche nicht, so sind manche Nachkommen einer Frau Frauen und manche sind Männer, da Frauen nun einmal verkrüppelte Männer sind." Aristoteles, um 350 v. Chr. In: Entstehung der Tiere.

hilft viel" leider nicht. Folgerichtig führt bei Leistungssportlern beiderlei Geschlechts der Missbrauch androgener Hormone als Anabolika neben organischen Schäden wie Vermännlichung sekundärer weiblicher Geschlechtsmerkmale auch zu „hypermännlichen" Störungen der Hirnleistung, von sexueller Enthemmung über Aggressionsausbrüche bis zu manischen Psychosen: Doping macht dumm, glücklicherweise aber nur für die Dauer der Hormonanwendung.

Neben den dauerhaft prägenden „organisatorischen" Wirkungen haben Geschlechtshormone nämlich auch kurzfristige und reversible „aktivatorische" Effekte auf Körper und Psyche.

So wirken sich die weiblichen Östrogene als natürliche Gegenspieler des Testosterons nicht nur auf die Geschlechtsorgane und das physische Wohlbefinden, sondern auch auf kognitive Fähigkeiten aus. Entsprechend den Hormonschwankungen des Menstruationszyklus sind die Leistungen von Frauen im räumlichen Vorstellungsvermögen bei hohem Östrogenspiegel am Zyklusende deutlich besser als beim Östrogenmaximum vor dem Eisprung. *La donna è mobile:* Kein Wunder, dass Frauen seit Aristoteles ihre wechselhafte Konstitution als Zeichen von Unterlegenheit gegenüber den angeblich stets ausgeglichenen Männern angelastet wurde. Irrtum: Der Testosteronspiegel von Männern schwankt sowohl im tages- als auch im jahreszeitlichen Rhythmus, er ist morgens höher als abends und im Herbst höher als im Frühling. Wie in der Theorie von der störenden Wirkung eines Zuviel an hormoneller Männlichkeit gefordert, liegen bei ihnen die besten Leistungen der räumlichen Intelligenz am Abend und im Frühling, also in Phasen niedrigen Testosterons.

Ebenso wenig ist die althergebrachte Vorstellung haltbar, dass Frauen durch die Konzentration ihrer Energien auf ihre Kinder bei der Fortpflanzung an höheren geistigen Aktivitäten gehindert werden. Das Gegenteil scheint der Fall zu sein: Untersuchungen an Mäusen weisen darauf hin, dass die vermehrte Freisetzung des Hormons Prolaktin in Schwangerschaft und Stillzeit zur ansonsten im Erwachsenenalter sehr seltenen Bildung neuer Nervenzellen vor allem in für das Riechen zuständigen Teilen des Gehirns führt. Dadurch wird möglicherweise die evolutionär wichtige Unterscheidung des eigenen von fremdem Nachwuchs verbessert. Dass Mutterschaft zur geistigen Verarmung führe, kann jedenfalls schon endokrinologisch als widerlegt gelten.

Zeugung und Entwicklung: Brutkasten Frau?

Die unbezweifelbare Feststellung, dass Kinder nur aus dem sexuellen Zusammenwirken von Mann und Frau entstehen können, zieht die ideologieträchtige Frage nach sich, welche Anteile die Mutter und welche der Vater zur Entstehung des gemeinsamen Nachwuchses beiträgt.

Wie nicht anders zu erwarten, haben die biologischen Vorstellungen zur geschlechtlichen Fortpflanzung immer auch die sozialen Rollenbilder ihrer Zeit widergespiegelt. Männliches Überlegenheitsdenken jedenfalls ließ sich mit den Fakten der Sexualität nur durch solche Naturphilosophien in Einklang bringen, die der Frau eine zwar unverzichtbare, aber nicht inhaltsstiftende Rolle bei der Zeugung zumaßen.

Zunächst hatten die Vorsokratiker bis hin zu Hippokrates eine durchaus paritätische Zweisamentheorie etabliert, nach der Frau und Mann gleichermaßen unter sexueller Erregung aus allen Körperteilen Samen produzierten, in dem die Gestalt des entstehenden Menschen bereits vorgebildet war. Dieser Präformationslehre stellte sich der notorische Frauenverächter Aristoteles entgegen, der ein Monopol des Mannes auf die Samenproduktion reklamierte und ihm die aktiv gestaltende Kraft, der Frau bloß die passive Funktion einer Stofflieferantin und Bruteinrichtung für das in ihr reifende Kind zumaß. Als Zeitpunkt für den Empfang der Geistseele nahm er beim männlichen Embryo den vierzigsten, beim weiblichen erst den achtzigsten Tag nach der Empfängnis an, da letzterer länger auf den niederen Stufen der vegetativen und sensitiven Seele verharre. Diese Vorstellung ist wohl von traditionellen nachgeburtlichen Reinigungsritualen beeinflusst, wie sie sich schon im Alten Testament finden[93].

Schon Galen, der Protagonist der römischen Medizin, gab sich zweihundert Jahre später damit nicht zufrieden. Wie, fragte er, ließen sich durch eine rein männliche Samenbildung die offensichtlichen Ähnlichkeiten von Kindern mit ihren Müttern erklären? Die kurz zuvor vom alexandrinischen Arzt Herophilus entdeckten weiblichen Keimdrüsen erklärte er, seiner Zeit um Jahrhunderte voraus, in einem kühnen Analogieschluss zu den Hoden der Frau und kehrte damit zur hippokratischen Geschlechterparität zurück. Auch wenn Galen über Albertus Magnus im Mittelalter bis zu Andreas Vesalius, dem ersten modernen Anatomen, prominente Unterstützer hatte und seine egalitären Vorstellungen die vor allem im Mittelalter als führend anerkannte arabische Medizin prägten, blieb das europäische Denken doch mehr dem aristotelischen Zeugungs-*machismo* zugeneigt.

Zu Kronzeugen für diese vorwissenschaftlichen Theorien wurden ausgerechnet zwei der Begründer der experimentellen Naturforschung: Geradezu rührend, aber für das 17. Jahrhundert zeitgeistkonform muten heute die Zeichnungen Antoni van Leeuwenhoeks an, der in den von ihm entdeckten Samenzellen des Hasen Ähnlichkeiten zum erwachsenen Tier zu erkennen glaubte und sie deshalb als „animalcula" bezeichnete[94]. Mit seiner Vorstellung der Präformation im väterlichen Samen stellte sich Leeuwenhoek ausgerechnet mit seinem Freund

---

[93] „Wenn eine Frau niederkommt und einen Knaben gebiert, ist sie sieben Tage unrein, …. wenn sie ein Mädchen gebiert, ist sie zwei Wochen unrein." Lev. 12, 1–5.
[94] „Der Mensch kommt nicht aus einem Ei, sondern aus einen *animalculum* im männlichen Samen." A. v. Leeuwenhoek in einem Brief an Christopher Wren 1683.

und Mentor Regnier de Graaf entgegen, der in den Follikeln der Ovarien die Eier des Säugerweibchens vermutet hatte.[95]

Erst 1827, mit dem Nachweis der Eizellen beim Säuger durch Karl Ernst von Baer, war der Streit zugunsten von Galen und Graaf entschieden. Auch diese Entwicklung passte durchaus zum Zeitgeist nach der Aufklärung, der Frauen zwar nicht in der Politik, aber doch in der Familie eine stärkere Rolle zuzumessen begann. Für Baers Zeitgenossen Goethe jedenfalls war es schon selbstverständlich, in sich selbst Eigenschaften beider Elternteile wiederzufinden[96].

Goethes ja eigentlich banale Beobachtung wurde wenig später von Ernst Haeckel, dem Begründer der Entwicklungsbiologie, unter dem Namen „amphigone Vererbung" zum Naturgesetz geadelt[97]. Haeckel konnte durch seine Untersuchungen an Säugerembryonen auch Galens uralte Idee bestätigen, dass die Ovarien der Frau und die Hoden des Mannes aus gleichartigen Organanlagen hervorgehen[98]. Seither hat die Embryologie gezeigt, dass das gesamte, zunächst aus primitiven Gängen bestehende Urogenitalsystem des Menschen bis etwa zur sechsten Entwicklungswoche bei beiden Geschlechtern völlig

---

[95] An der Verbreitung seiner Erkenntnisse wurde de Graaf durch seinen frühen Tod mit 32 Jahren gehindert. Immerhin blieb ihm der posthume Triumph, dass die „Graafschen" weiblichen Keimfollikel noch heute seinen Namen tragen.

[96] „Vom Vater hab' ich die Statur, des Lebens ernstes Führen, vom Mütterchen die Frohnatur und Lust am Fabulieren." J. W. v. Goethe, 1820. In: Zahme Xenien VI.

[97] „Dieses Gesetz sagt aus, dass ein jedes organische Individuum, welches auf geschlechtlichem Wege erzeugt wird, von beiden Eltern Eigentümlichkeiten annimmt, sowohl vom Vater als von der Mutter. Diese Tatsache, dass von jedem der beiden Geschlechter persönliche Eigenschaften auf alle, sowohl männliche als weibliche Kinder übergehen, ist sehr wichtig." E. Haeckel, 1868. In: Natürliche Schöpfungsgeschichte, Neunter Vortrag.

[98] „Beim Menschen wie bei den übrigen Wirbeltieren, sind in der ursprünglichen Anlage des Keims die männlichen und weiblichen Organe völlig gleich, und erst allmählich entstehen im Laufe der embryonalen Entwickelung die Unterschiede der beiden Geschlechter, indem eine und dieselbe Sexualdrüse beim Weibe zum Eierstock, beim Manne zum Testikel wird." E. Haeckel, 1868, ebenda.

gleich aussieht. Erst danach bilden sich aus den Wolffschen und Müllerschen Gängen die männlichen beziehungsweise weiblichen Geschlechtsorgane. Das äußere Genitale bildet sich erst im Laufe des zweiten Schwangerschaftsdrittels in unterscheidbarer Weise aus. Kein Wunder also, dass die Neugier werdender Eltern, vom Frauenarzt das Geschlecht ihres Sprösslings per Ultraschall möglichst früh zu erfahren, nicht selten zu einer peinlichen Fehldiagnose führt.

Auch nach ihrer Geburt tragen Männer wie Frauen in ihren Geschlechtsorganen verkümmerte Reste der jeweils gegenseitigen Genitalanlagen. Es kommt sogar vor, dass diese Rudimente in unerfreulicher Weise an ihre Existenz erinnern: Bei Frauen kann das Epoophoron, ein Überbleibsel des „männlichen" Wolffschen Ganges, große Zysten ausbilden, und bei Männern kann ein akuter Schmerz am Hoden durch eine Torsion der Appendix testis, einem Rest des „weiblichen" Müllerschen Ganges, verursacht sein.

Jeder dreißigtausendste bösartige Tumor der weiblichen Geschlechtsorgane geht gar von den winzigen Skene'schen Drüsen an der Harnröhre aus. Diese entsprechen entwicklungsgeschichtlich der Prostata des Mannes; entsprechend haben die betroffenen Frauen mit einem, bis hin zu den im Blut nachweisbaren Tumormarkern, veritablen Prostatakarzinom zu kämpfen. Ausgleichender Zynismus der Natur: Erblicher Brustkrebs im Zusammenhang mit Mutationen des BRCA2-Gens betrifft auch nicht nur Frauen. Jeder Mann besitzt, mangels weiblicher Geschlechtshormone nicht weiter entwickeltes, Brustdrüsengewebe, so dass sich in belasteten Familien auch bei anlagetragenden Männern äußerst bösartige Mammakarzinome bilden können.

Nicht nur in ihren Organen, auch in jeder einzelnen Zelle tragen Männer sehr viel mehr Weibliches, als den meisten von ihnen bewusst ist. Schon die befruchtete Eizelle ist in ihrer Substanz fast vollständig mütterlichen Ursprungs. Nachdem der Mann mit seinem Spermienkopf kaum mehr als nur seine Chromosomen beigetragen hat, laufen die ersten Zellteilungen eines Embryos, unabhängig von dessen Geschlecht, praktisch ausschließlich mit mütterlicher Eizellsubstanz und mütterlichen Stoffwechselaktivitäten ab. Erst im Vierzellstadium werden die väterlichen Gene überhaupt aktiv. Bis dahin besteht also jeder Embryo aus rein mütterlichem Gewebe, in dem väterliche Erbanlagen parasitieren.

Dabei spielen die Mitochondrien eine besondere Rolle. Da sie artengeschichtlich von eingewanderten Bakterien abstammen, verfügen sie noch über eigenes Erbgut und vermehren sich innerhalb der Zellen weitgehend selbständig[99]. Entsprechend stammen praktisch alle Mitochondrien jedes Menschen, ob Mann oder Frau, aus der mütterlichen Eizelle; die väterliche Samenzelle hat sich beim Eindringen in die Eizelle mit ihrem Schwanz auch weitgehend ihrer Mitochondrien entledigt. Folgerichtig werden Gendefekte der Mitochondrien, die sich entsprechend ihrer Aufgaben im Energiestoffwechsel meist als Muskelkrankheiten manifestieren, in rein mütterlicher Linie vererbt; über die wissenschaftliche Nutzbarkeit der mitochondrialen Vererbung in der Abstammungsforschung war ja bereits im vorangegangenen Kapitel die Rede.

Auch unter vielen der chromosomalen Gene, die aus den Zellkernen von Samen- und Eizelle stammen, gibt es eine lebenslange Arbeitsteilung je nach väterlicher und mütterlicher Abstammung. Mit der Kernverschmelzung erhält die befruchtete Eizelle von Mutter und Vater jeweils einen mikroskopisch und im Bestand an Genen weitgehend gleichen Satz von 22 Nicht-Geschlechtschromosomen (vom Sonderfall X und Y soll später noch die Rede sein). Wie erst seit einigen Jahren bekannt ist, sind aber nicht bei allen Genen beide von Vater und Mutter ererbten Kopien aktiv. Vielmehr gibt es auf unseren Chromosomen Abschnitte, die einem „Imprinting", also einer elternteilspezifischen Prägung, unterliegen.

So wird in den sich entwickelnden Samenzellen auf dem

---

[99] Siehe Kap. 1, S. 15.

Chromosom Nr. 15 das Gen SNRPN funktionsfähig, das benachbarte Gen UBE3A dauerhaft funktionslos gemacht, bei der Eizellbildung ist es genau umgekehrt. Für die Entwicklung des Gehirns sind aber die Aktivitäten *beider* Gene unverzichtbar. Ein Kind braucht also sowohl ein Chromosom 15 mütterlicher als auch eines väterlicher Abstammung. Kommt es durch eine fehlerhafte Aufteilung der Chromosomen bei Keimzellbildung und Befruchtung dazu, dass ein Kind beide Chromosomen 15 von der Mutter und keines vom Vater erbt, fehlt ihm die Aktivität von SNRPN, und es ist durch das Prader-Willi-Syndrom geistig behindert. Liegt umgekehrt eine solche „uniparentale Disomie" der Chromosomen 15 vom Vater vor, entsteht durch die Inaktivität von UBE3A das Angelman-Syndrom, eine andere Form geistiger Behinderung[100].

Langer Rede kurzer Sinn: Jedes Kind braucht nicht nur sozial, sondern auch genetisch Vater und Mutter. Deshalb ist, soweit wir heute wissen, jeder biologische Alleingang eines Elternteils zum Scheitern verurteilt. Dies zeigt sich schon am seltenen natürlichen Vorgang der Parthenogenese, bei dem sich eine unbefruchtete mütterliche Keimzelle spontan zum Embryo zu entwickeln beginnt. Was bei Pflanzen und vielen Tieren bis hin zu Reptilien als „ungeschlechtliche Vermehrung" alltäglich ist, findet beim Menschen nur sehr selten statt und führt, offenbar wegen der Inaktivität väterlich geprägter Gene, unweigerlich zu einer Fehlgeburt schon am Beginn der Schwangerschaft. Derselbe Mechanismus dürfte auch dem reproduktiven Klonen von Menschen im Wege stehen: Beim Klonen eines Säugers nach dem „Dolly"-Verfahren wird in eine entkernte Eizelle ja der Kern einer Körperzelle mit seinem, je nach Geschlecht des Spenders, rein väterlichen oder rein mütterlichen doppelten Chromosomensatz eingebracht. Entsprechend dürften einem geklonten Kind die notwendigen

---

[100] Prader-Willi-Syndrom (PWS) und Angelman-Syndrom (AS) sind klinisch gut unterscheidbar: Beim PWS kommt es zu einer Fehlsteuerung des Appetits, die zu massivem Übergewicht führt; für Kinder mit AS ist, neben einer Epilepsie, eine Neigung zu „Lachanfällen" typisch.

geprägten Genaktivitäten eines Elternteils fehlen, mit den beschriebenen fatalen Konsequenzen. Dies sollte eigentlich auch den skrupellosesten Forscher, der sich über alle ethischen Bedenken hinwegsetzen wollte, von seinem Vorhaben abhalten.

Geschlechtschromosomen: Aktenzeichen XY – gelöst?

Welche Gene sind es nun, die den Mann zum Manne machen? Schon der Blick durch das Mikroskop auf ein Chromosomenpräparat zeigt, dass Frauen zwei gleiche, recht große X-Chromosomen tragen, Männer ein einzelnes X- und ein sehr viel kleineres Y-Chromosom. Bei der Meiose, dem Vorgang der Aufspaltung der Chromosomenpaare bei der Keimzellbildung, lagern sich bei der Frau die beiden X-Chromosomen, beim Mann X- und Y-Chromosom aneinander. Die Vermutung, dass diese ungleiche Paarung auf einen ähnlichen Aufbau von X und Y zurückgeht, hat sich mittlerweile auch molekular und evolutionshistorisch bestätigt.

Bei vielen Lebewesen tragen beide Geschlechtschromosomen die gleichen Gene, und die Bestimmung des Geschlechts wird durch das An- oder Abschalten entwicklungssteuernder Anlagen bewerkstelligt. Ein bekanntes Beispiel hierfür sind Alligatoren, bei denen je nach Nesttemperatur ein wärmesensibler Regulationsmechanismus die Entwicklung des Eies in Richtung Männchen oder Weibchen bestimmt.

Die Geschichte des Y-Chromosoms begann vor etwa 300 Millionen Jahren, als es vermutlich durch fehlerhafte Paarung der Geschlechtschromosomen in der Meiose bei einem von ihnen zu einem Verlust von Genen kam, deren Funktion vom Partnerchromosom übernommen wurde. Seither hat das Y-Chromosom mit der Zeit über 95 % seiner ursprünglich etwa 1500 Gene verloren, die verbleibenden sind zumeist auf die männliche Geschlechtsbestimmung spezialisiert. Geht dieses langsame Zerbröseln künftig weiter, wird der Mensch (oder die sich bis dahin aus ihm entwickelnde Spezies) in etwa 10 Millionen Jahren das

Y-Chromosom komplett verloren haben – so bereits geschehen bei der persischen Wühlmaus *Ellobius lutescens*.

Oberster Hüter der männlichen Geschlechtsbestimmung ist das SRY-Gen, das mit einer Länge von 897 codierenden DNA-Basenpaaren geradezu winzig ist. Es steht aber an der Spitze einer Hierarchie von Genen, die unter der Regie von SRY die eigentliche Arbeit der Geschlechtsbestimmung leisten, von der Differenzierung der Wolffschen und Müllerschen Gänge bis zur Synthese der Sexualhormone. Wie so oft in der Biologie lässt sich die Bedeutung einer Struktur am besten an ihren Defekten erkennen: Geht durch einen Fehler bei der Meiose das SRY-Gen verloren, so kann ein Kind entstehen, das sich trotz seines XY-Chromosomensatzes als Frau entwickelt. Wandert dagegen SRY durch einen Meiosefehler auf das X-Chromosom hinüber, so kann sich ein weitgehend unauffälliger Mann mit einen XX-Chromosomensatz entwickeln. Die landläufige Annahme über die Geschlechtschromosomen: „XX = Frau, XY = Mann" stimmt also nicht in allen Fällen.

Nicht weit von SRY entfernt liegt auf dem Y-Chromosom die Gruppe der AZF-Gene, die „Azoospermiefaktoren". Veränderungen in einem dieser Gene führen zu einer so stark verringerten Zahl an reifen Spermien, dass betroffene Männer nur durch künstliche Befruchtung Kinder zeugen können. Da sie an ihre, ansonsten gesunden, Söhne ihr Y-Chromosom mit dem AZF-Defekt weitergeben, werden auch diese später vor dem gleichen Problem stehen. Hier kann die moderne Reproduktionsmedizin also paradoxerweise eine erbliche Unfruchtbarkeit erzeugen.

Nicht alle geschlechtsspezifischen Gene liegen aber auf den Geschlechtschromosomen: Das Gen DMRT1, das für die Bildung der Hoden bedeutsam ist, liegt auf dem Chromosom Nr. 9. Es ist also bei beiden Geschlechtern gleichermaßen vorhanden, wird aber nur bei Männern aktiviert. Auch Frauen besitzen also Anlagen für die männlichsten aller Organe, was ein weiteres Argument dagegen sein mag, den „kleinen Unterschied" zur Ideologie zu überhöhen.

Auch auf dem X-Chromosom sind nicht nur Gene lokalisiert, die mit der Geschlechtsentwicklung zu tun hätten; auch Anlagen für Gehirnentwicklung, Muskelproteine, Blutgerinnungsfaktoren und viele andere für beide Geschlechter gleichermaßen essentielle Gene finden sich hier. Das Fehlen dieser nicht-geschlechtsspezifischen Anlagen auf ihrem Y-Chromosom hat für Männer die Folge, dass sie Gene, die Frauen auf ihren beiden X-Chromosomen in doppelter Ausführung besitzen, nur in einer Kopie tragen. Die Natur hat sich darauf eingestellt, indem bei Frauen während ihrer frühen vorgeburtlichen Entwicklung in ihren Zellen nach dem Zufallsprinzip eines der beiden X-Chromosomen buchstäblich zusammengeknüllt und damit dauerhaft weitgehend stillgelegt wird.

Das kondensierte X-Chromosom oder „Barr-Körperchen" ist in den Zellkernen aller Menschen mit zwei X-Chromosomen zu finden, also auch bei Männern mit Klinefelter-Syndrom, die neben ihrem Y-Chromosom, das sie zu weitgehend unauffälligen Männern macht, zwei X-Chromosomen besitzen. Frauen mit Turner-Syndrom, die nur ein X-Chromosom, aber weder ein zweites X-Chromosom noch ein Y-Chromosom besitzen, haben in ihren Zellen kein Barr-Körperchen, kommen aber zumeist gut durchs Leben[101]. Im Gegensatz zu den Nicht-Geschlechtschromosomen Nr. 1 bis 22, deren dop-

---

[101] Männer mit Klinefelter-Syndrom haben eine meist überdurchschnittliche, Frauen mit Turner-Syndrom eine unterdurchschnittliche Körpergröße. Bei beiden kommt es in aller Regel nicht zur Bildung befruchtungsfähiger Keimzellen, darüber hinaus bestehen aber zumeist keine schwerwiegenden Beeinträchtigungen.
Viele Klinefelter-Männer haben im höheren Alter wegen ihres Testosteronmangels mit Osteoporose zu kämpfen, bei Turner-Frauen finden sich Herzfehler und Lymphabflussstörungen deutlich gehäuft. Die frühere Annahme einer geistigen Behinderung ist inzwischen bei beiden widerlegt, weshalb sich nach der vorgeburtlichen Diagnose „Klinefelter-Syndrom" oder „Turner-Syndrom", anders als noch vor zwanzig Jahren, fast alle Eltern für die Fortsetzung der Schwangerschaft entscheiden.
Die Barr-Körperchen in Zellen aus Mundschleimhautabstrichen wurden mehrfach bei Olympischen Spielen für die Klärung der Startberechtigung in Frauenwettbewerben herangezogen; Fehldiagnosen waren aus den genannten Gründen dabei unvermeidlich.

peltes Vorhandensein für jeden Menschen lebensnotwendig ist, reicht also die Aktivität der Gene eines X-Chromosoms normalerweise für die Erhaltung der Gesundheit aus.

Für diese evolutionäre Sparsamkeit der Natur zahlen manche Familien aber einen hohen Preis in Form X-chromosomaler Erbleiden. Wie schon im vorigen Kapitel beschrieben, trägt wohl jeder Mensch rezessive Gendefekte, die durch die „Sicherungskopie" desselben Gens auf dem vom anderen Elternteil ererbten Partnerchromosom ausgeglichen werden können[102]. Für Mutationen von auf dem X-Chromosom gelegenen Genen funktioniert dieser Ausgleichsmechanismus zwar bei Frauen, nicht aber bei Männern, die ja auf ihrem im Laufe der Geschlechtsevolution degenerierten Y-Chromosom keine zweite Kopie des Gens besitzen. X-chromosomal-rezessive Erbleiden werden folglich von gesunden Frauen übertragen; die Hälfte ihrer Töchter sind wiederum Überträgerinnen, während die Hälfte der Söhne die Krankheit manifestiert.

Bekanntestes Beispiel ist die Hämophilie A, besser bekannt als Bluterkrankheit, im europäischen Hochadel. Die Überträgerin Queen Victoria regierte über 60 Jahre lang bei bester Gesundheit, gab aber die Krankheitsanlage mit ihrem mutationstragenden X-Chromosom über ihre ebenfalls gesunden weiblichen Nachkommen Alice von Hessen und Zarin Alexandra weiter. Der dann von den Bolschewisten ermordete Zarewitsch Alexej Romanow litt mangels funktionsfähigen Hämophilie-Gens seit früher Kindheit an schweren Blutungen. Victorias Sohn Edward VII. hatte aber das Glück, das mutationsfreie X-Chromosom von seiner Mutter zu erben. Er konnte also weder an Hämophilie erkranken noch die Anlage weitervererben, weshalb die britischen Royals seither von der Bluterkrankheit verschont sind.

X-chromosomale Erbleiden sind keineswegs Raritäten. Etwa jeder dreitausendste Junge trägt einen Defekt im Dystrophin-Gen, der zur fortschreitenden, meist im Jugendalter

---

[102] Siehe Kap. 2, S. 62.

tödlichen Duchenneschen Muskeldystrophie führt. Auch hier sind Frauen nur Überträgerinnen, aber es gibt Ausnahmen: Selten kommt es vor, dass bei einem Mädchen entgegen der sonst üblichen Zufallsverteilung immer *dasselbe* von Mutter oder Vater ererbte X-Chromosom stillgelegt ist. Handelt es sich dabei um dasjenige mit dem funktionsfähigen Dystrophin-Gen, führt diese „verschobene X-Inaktivierung" dazu, dass ein Mädchen am Muskelschwund erkrankt, der nach den klassischen Erbregeln eigentlich nur bei Jungen vorkommen dürfte.

Ebenfalls im Zusammenhang mit X-chromosomalen Genen steht die altbekannte Beobachtung, dass angeborene geistige Behinderungen bei Jungen deutlich häufiger sind als bei Mädchen. Von der fast ausschließlich männlichen Ärzteschaft wurden für die ebenso peinliche wie unbestreitbare Tatsache, dass Irrenanstalten – in denen bis weit ins zwanzigste Jahrhundert hinein unterschiedslos psychisch kranke und geistig behinderte Menschen verwahrt wurden – mehr männliche als weibliche Insassen hatten, die verschiedensten Erklärungen herangezogen. Von Unfällen und Kriegsschäden, die zumeist Männer träfen, war die Rede, auch von der größeren sozialen Angepasstheit schwachsinniger Frauen, die seltener zu einer Einweisung führte als bei Männern, bis zur Theorie, dass Männer normalerweise so viel intelligenter seien als Frauen, dass Geistesschwäche bei eine Frau weniger auffalle.

Tatsache ist aber, dass auf dem X-Chromosom eine Vielzahl von Genen liegt, die für Aufbau und Stoffwechsel des Gehirns verantwortlich sind. Entsprechend gibt es zahlreiche erbliche Defekte solcher Gene, die sich vornehmlich bei Jungen ausprägen. Etwa jeder vierhundertste Junge ist von einer X-gebundenen geistigen Behinderung betroffen, von denen es wahrscheinlich über 150 verschiedene Formen gibt. Hat ein Elternpaar einen Sohn mit einer geistigen Behinderung ungeklärter Ursache, so ist das Wiederholungsrisiko daher für seine Geschwister erfahrungsgemäß doppelt so hoch wie es bei einer ähnlich behinderten Tochter der Fall wäre.

Allerdings gibt es auch Formen von Behinderungen, die ausschließlich bei Mädchen vorkommen. Lange Zeit rätselhaft war das Rett-Syndrom, bei dem betroffene Mädchen nach einer normalen frühkindlichen Entwicklung ihre erlernten Fähigkeiten einschließlich der Sprache wieder verlieren; Jungen mit Rett-Syndrom gibt es so gut wie nie. Die Erklärung: Ursache der Krankheit sind Mutationen im auf dem X-Chromosom gelegenen Gen MECP2, das eine wesentliche Rolle bei der Entwicklung des Gehirns spielt. Mädchen mit einem Defekt diese Gens können überhaupt nur dank der normalen Genkopie auf ihrem zweiten X-Chromosom überleben; Jungen mit einer MECP2-Mutation auf ihrem einzigen X-Chromosom sind dagegen so schwer geschädigt, dass die meisten von ihnen schon während der vorgeburtlichen Entwicklung sterben.

Generell scheint zu gelten: Jungen fallen offenbar häufiger Fehlgeburten zum Opfer. Die Rate der Kindersterblichkeit ist bei ihnen ebenfalls höher als bei Mädchen. Auch für das Altwerden haben Frauen die besseren Karten: Die Lebenserwartung eines neugeborenen Jungen liegt in Deutschland derzeit bei etwa 75 Jahren, die eines Mädchens bei 81 Jahren. Dafür sind ihre Geschlechtschromosomen und deren organische Wirkungen natürlich nicht allein verantwortlich, soziale Faktoren wie Berufstätigkeit und gesundheitsbewusstes Verhalten spielen eine mindestens ebenso wichtige Rolle. Auch wenn sich in unserer Gesellschaft, von Frauen in Männerberufen im Positiven bis zur steigenden Zahl jugendlicher Raucherinnen im Negativen, die geschlechtsspezifischen Risikoprofile einander anzunähern scheinen: Genetisch betrachtet sind Männer zweifellos das schwache Geschlecht.

Geschlechtswahl durch Eltern: Das Prinzip Stammhalter

Aus der Perspektive der Natur ist für Populationen einer – zumeist – monogamen Spezies wie des Menschen ein annähernd ausgeglichenes Geschlechterverhältnis der Individuen im fortpflanzungsfähigen Alter sinnvoll. Jedes Missverhältnis, egal in welche Richtung, bedeutet biologisch eine Vergeudung von Ressourcen: zum einen durch die schlechteren Überlebenschancen von Nachwuchs, der nur von einem Elternteil versorgt wird, zum anderen durch den Ausfall partnerloser Populationsmitglieder für die Arterhaltung und die durch die Einzelgänger erzeugten sozialen Konflikte.

Angesichts der höheren vor- und nachgeburtlichen Sterblichkeit von Jungen setzt die Geschlechterbalance im Erwachsenenalter einen anfänglichen Jungenüberschuss voraus. Tatsächlich werden in den meisten Ländern etwa 106 Jungen auf 100 Mädchen geboren, unmittelbar nach der Empfängnis liegt das Verhältnis vermutlich sogar bei 120 männlichen auf 100 weibliche Embryonen. Der zugrunde liegende biologische Mechanismus ist bislang nicht sicher geklärt. Eine plausible Vermutung bezieht sich auf das Gewicht von Samenzellen: Da das Y-Chromosom viel kleiner als das X-Chromosom ist, sind für einen Jungen bestimmende Y-Samenzellen etwas leichter als für ein Mädchen bestimmende X-Samenzellen. Möglicherweise kann dieser Gewichtsvorteil die Schnelligkeit der Y-Samenzellen begünstigen, so dass sie eine statistisch größere Chance haben, als erste die Eizelle zu erreichen und zu befruchten.

Auf der Wunschliste von Eltern für ihr erwartetes oder geplantes Kind steht dessen Gesundheit zwar an erster Stelle, aber für viele ist auch das „richtige" Geschlecht des Nachwuchses ein erstrebenswertes Ziel. Fest steht, dass das Geschlecht eines Kindes rein zufällig durch das X- oder Y-Chromosom der befruchtenden Samenzelle des Vaters festgelegt wird; die Eizellen der Mutter tragen ja normalerweise alle ein

X-Chromosom. Dennoch wurde und wird die Tatsache, dass für das Geschlecht des Kindes allein der Vater – biologisch, nicht moralisch – verantwortlich ist, häufig zu Lasten der Mutter ignoriert.

Nachdem aus der Ehe zwischen Katharina von Aragon und König Heinrich VIII. von England neben mehreren Fehlgeburten nur eine Tochter hervorgegangen war, führte der Wunsch nach einem männlichen Thronerben Heinrich im Jahre 1532 zur Erfindung der christlichen Ehescheidung und zur Gründung der anglikanischen Kirche. Heinrichs zweite Frau Anne Boleyn musste gar auf dem Schafott dafür büßen, dass sie nach einer gesunden Tochter einen Sohn tot zur Welt brachte.

Auch außerhalb von Dynastien hat der Wunsch nach einem bestimmten Geschlecht des Kindes für viele Eltern eine enorme Bedeutung, entsprechend dem alten Sprichwort „Der Wunsch nach einem Sohn ist der Vater vieler Töchter". In vielen Kulturkreisen – man denke an Länder, in denen die traditionelle Mitgift für zu verheiratende Töchter ruinöse Ausmaße für deren Eltern annehmen kann –, hat die Frage „Sohn oder Tochter?" auch eine handfeste materielle Dimension. In manchen Regionen der Welt ist daher auch heute noch die geschlechtsbezogene Kindstötung keine Seltenheit.

Ihre vorgeburtliche Variante, nämlich die gewerbsmäßige Abtreibung abhängig vom genitalen Ultraschallbefund, droht mancherorts schon zu einem sozial bedrohlichen Ungleichgewicht in der Geschlechterverteilung zu führen. Die Tatsache, dass in einigen südostasiatischen Ländern das Geschlechterverhältnis der Neugeborenen mittlerweile bei 113:100 zugunsten der Jungen liegt, lässt einiges erahnen. Da die entsprechenden medizinischen Techniken kommerziell für teures Geld angeboten werden, sind sie in erster Linie für die reicheren Bevölkerungsschichten zugänglich. Die Folgen sind absehbar: In diesen Ländern werden die Reichen ihren Frauenmangel dadurch zu kompensieren wissen, dass sie heiratsfähige Frauen aus niedrigeren Schichten rekrutieren. Dort wird sich letztlich ein sexuelles Proletariat erzwungen partnerloser Männer herausbilden, genau umgekehrt wie der nach Kriegen schon immer übliche Frauenüberschuss, aber wahrscheinlich für den sozialen Frieden wesentlich problematischer.

Zu behaupten, dass blutige Geschlechtsselektion in Europa überhaupt nicht vorkomme, wäre wohl vermessen, aber zumindest im standesrechtlich überwachten Medizinsystem hierzulande ist das Tabu rechtlich und ethisch unumstritten. Dennoch zerbricht auch bei uns noch immer so manche Ehe am unerfüllten Wunsch nach Stammhalter oder Prinzessin. Deshalb ist man auch in Deutschland vorsichtig: Die Humangenetiker haben sich bei uns darauf verständigt, nach Fruchtwasseruntersuchungen den werdenden Eltern das Geschlecht des Kindes nicht vor der vierzehnten Schwangerschaftswoche mitzuteilen, um einem Missbrauch dieser Information für einen Schwangerschaftsabbruch nach der Fristenregelung vorzubeugen.

Keineswegs neu sind auch Versuche, bereits vor der Befruchtung unter den väterlichen Samenzellen diejenigen mit dem gewünschten Geschlechtschromosom auszuwählen. Hierfür sind in den vergangenen Jahrzehnten zahlreiche technische Verfahren entwickelt worden, die zumeist versuchen, die erwähnten Gewichtsunterschiede zwischen X- und Y-Spermien auszunutzen. Das Problem oder, je nach Standpunkt des Betrachters, der Trost: Keine dieser Methoden kann auch nur annähernd als zuverlässig bezeichnet werden. Und grundsätzlich ist die Spermienselektion, außer im Zusammenhang mit geschlechtsgebundenen Erbleiden, nach unserem Embryonenschutzgesetz verboten, auch wenn sie sich als Maßnahme vor der Befruchtung gar nicht auf Embryonen bezieht.

Auf einer höheren technischen Ebene läge die Geschlechtsbestimmung per Präimplantationsdiagnostik (PID). Dieses heftig umstrittene Verfahren ermöglicht die genetische Untersuchung und Selektion von Embryonen außerhalb des Mutterleibes im Rahmen einer eigens zu diesem Zweck durchgeführten künstlichen Befruchtung. Eine zuverlässige Geschlechtswahl ist auf diesem Wege technisch ohne weiteres möglich. Dem entgegen steht auch das Embryonenschutzgesetz, und selbst wenn dieses zugunsten einer auf schwere Erbkrankheiten bezogenen PID geändert werden sollte, besteht Konsens bezüglich eines dezidierten Verbotes der Geschlechtswahl per PID. Im Ausland, wo PID bereits erlaubte Praxis ist, gibt es aber schon seit Jahren entsprechende Angebote. Von der nicht unerheblichen körperlichen Belastung für die Frau durch die mit der PID verbundene Hormonbehandlung und Eizellentnahme abgesehen, liegt der Preis für eine PID bei mehreren tausend Euro. Auch das wird, so darf vermutet werden, für einige Paare nicht zu teuer sein, so dass sich wohl ein „Geschlechtswahltourismus" entwickeln wird.

Unerfüllter Kinderwunsch: Der mutagene Mann

Bei etwa 15 % aller Paare mit Kinderwunsch stellt sich der erhoffte Kindersegen nicht ein. Fast immer, so zeigt die Erfahrung, wird die Ursache dafür zuerst oder gar ausschließlich bei der Frau gesucht. Schnell kommt es dabei zu Schuldzuweisungen. „Meine Frau kann keine Kinder bekommen" zählt nach wie vor zu den häufigsten Begründungen für von Männern eingereichte Ehescheidungen. In vielen Religionen dürfen kinderlose Ehen aufgelöst werden oder entbinden den Mann, nur selten aber die Frau von der Treue; schon der biblische Abraham darf wegen der Unfruchtbarkeit seiner Frau Sara im Konkubinat mit der Sklavin Hagar leben[103].

Die Vorstellung, dass eine Unfruchtbarkeit auch auf der väterlichen Seite begründet sein kann, kommt, wenn überhaupt, erst in zweiter Linie auf. Dies liegt wohl an der intuitiven, aber irrtümlichen Gleichsetzung von sexueller Potenz mit Zeugungsfähigkeit. Kein Wunder, dass die Gynäkologie

---

[103] Gen. 16,1–4.

als ärztliche Fachdisziplin Jahrhunderte alt ist, die Andrologie – der Begriff „Männerheilkunde" scheint geradezu tabu zu sein – aber erst im späten zwanzigsten Jahrhunderts zur Fachdisziplin wurde.

Tatsächlich gehen etwa ebenso viele Fälle von Fruchtbarkeitsstörungen auf das Konto des Mannes wie auf das der Frau. In den vergangenen fünfzig Jahren hat die durchschnittliche Spermiendichte auch bei beschwerdefreien Männern weltweit um etwa 1 % pro Jahr abgenommen. Die Erklärungsversuche dafür reichen von Pestiziden in der Nahrung über Rauchen und psychischen Stress bis zur Überwärmung der Hoden durch zu enge Jeans.

Die männliche Infertilität ist zudem in mancher Hinsicht schwieriger behandelbar als die weibliche. Während sich beispielsweise bei vielen Frauen ein ausbleibender Eisprung durch den Gynäkologen mit an den Menstruationszyklus angepassten Hormongaben in Gang setzen lässt, steht der Androloge einer verringerten Spermienproduktion eines Mannes meist ohne hormonelle Steuerungsmöglichkeiten gegenüber. Warum zwar ein einziges Spermium für die Befruchtung einer Eizelle ausreicht, aber Männer mit weniger als 10 Millionen Samenzellen pro Milliliter Sperma dennoch nur geringe Aussichten haben, auf natürlichem Wege Vater zu werden, bleibt ohnehin ein Rätsel der Natur.

In vielen Fällen bleibt dem Paar zur Erfüllung des Kinderwunsches nur die künstliche Befruchtung, speziell die ICSI (intracytoplasmatische Spermieninjektion). Dabei werden unter den Bedingungen eines gesteuerten weiblichen Zyklus Eizellen gewonnen, in die mit einer feinen Glaskanüle einzelne aus dem Sperma des Mannes entnommene Samenzellen eingebracht werden. Die Belastungen sind dabei ziemlich ungleichmäßig verteilt: Während die Frau eine mitunter nebenwirkungsreiche hormonelle Stimulation und die Entnahme von Eizellen per Eierstockpunktion über sich ergehen lassen muss, genügt für den Mann zumeist eine allenfalls peinliche Masturbation unter Laborbedingungen.

Ein Problem bleibt aber dabei, dass, wie im folgenden Kapitel noch genauer zu erörtern sein wird, jeder Mann und jede Frau neben gesunden Keimzellen auch solche mit zufällig neu entstandenen genetischen Defekten bildet. Durch die ICSI werden bei beiden Elternteilen evolutionäre Schutzmechanismen gegen derart fehlangelegte Keimzellen umgangen: beim Mann die Konkurrenz der Spermien untereinander um das Erreichen der Eizelle durch die willkürliche Auswahl einer Samenzelle durch den Arzt, bei der Frau die Freisetzung spontan gereifter Eizellen durch die Hormonstimulation[104]. Tatsächlich ist die Zahl von behindert geborenen Kindern nach ICSI etwas höher als nach natürlich entstandenen Schwangerschaften. Ein Grund für gegenseitige Schuldzuweisungen besteht dann aber für die Eltern nicht, denn beide haben ihr Teil zum Risiko beigetragen. Zumeist gelangt das Paar aber nach anfänglichem Hadern, warum man es nicht mit der Unfruchtbarkeit habe bewenden lassen, zu der Einsicht, dass ihr Leben auch durch ihr behindertes Kind bereichert wird. Bedingungslose Kindesliebe, die auf einen unbedingten Kinderwunsch folgt, zählt erfreulicherweise zu den verlässlichsten Verhaltensmustern des Menschen.

Ein wenig Selbstkritik ist beim Bedauern über die Volkskrankheit Infertilität aber doch angebracht. Eine der wichtigsten Ursachen für ungewollte Kinderlosigkeit liegt nämlich auf der sozialen Ebene, genauer beim für die Familienplanung als günstig angesehenen Lebensabschnitt. Für die berufliche Selbstverwirklichung mag es optimal sein, wenn zum Zeitpunkt der Fortpflanzung beide Partner ihre Ausbildung abgeschlossen und schon einige Stufen auf der Karriereleiter erklommen haben – für die Erfolgsaussichten des Kinderwun-

---

[104] Die von den Paaren oft nachgefragte Option, doch vor der Befruchtung die Samenzellen genetisch zu testen, ist leider nicht praktikabel, weil für eine solche Untersuchung die Spermien fixiert und damit abgetötet werden müssten. Für die Eizellen ist dieser Weg mit der Polkörperdiagnostik an Abfallprodukten der Eireifung aber grundsätzlich gangbar.

sches leider nicht. Hier ist die Natur ungerecht: Während die Samenzellbildung des Mannes – Charlie Chaplin, der mit 80 noch Vater wurde, ist Kronzeuge – bis ins höhere Alter nur unwesentlich nachlässt, nimmt die Fruchtbarkeit der Frau schon lange vor den Wechseljahren ab. Schon mit 30 Jahren muss eine Frau statistisch etwa doppelt so lange auf das Eintreten einer erwünschten Schwangerschaft warten wie mit 20. Das heute in Mitteleuropa bei fast 31 Jahren liegende Durchschnittsalter gebärender Frauen mag sozial erwünscht sein, ist aber biologisch entschieden zu hoch.

Hinzu kommt, dass mit dem Alter auch die genetische Fehlerrate bei der Eizellbildung zunimmt. Liegt die Wahrscheinlichkeit, ein Kind mit einer Chromosomenfehlverteilung zu gebären, bei einer 25jährigen Frau noch bei unter 0,1 %, so sind es mit 35 Jahren schon 0,5 % und bei einer 45-jährigen Spätgebärenden gar 5 %. Diese Zahlen sind auf lebend geborene Kinder bezogen; die weit überwiegende Mehrzahl der Schwangerschaften mit einer Chromosomenfehlverteilung des werdenden Kindes endet als Fehlgeburt.

Für Chromosomenanomalien spielt dagegen das väterliche Alter, zumindest vor dem fünfzigsten Lebensjahr, keine signifikante Rolle. Aber für Genugtuung ist auch hier kein Anlass. Mit zunehmenden Alter des Mannes nimmt die Rate an spontanen Mutationen einzelner Gene zu, die an den Chromosomen nicht erkennbar und damit auch einer üblichen Fruchtwasseruntersuchung nicht zugänglich sind. Überhaupt ist die Samenzellbildung des Mannes, die mehr Zellteilungsschritte und damit mehr DNA-Kopiervorgänge erfordert als die Eizellbildung der Frau, ein sehr fehlerträchtiger Vorgang. Der „mutagene Mann" darf sich im Positiven als Motor der Evolution, im Negativen als Unsicherheitsfaktor für die Gesundheit seiner Kinder begreifen. Beredtes Beispiel ist das oben erwähnte Rett-Syndrom, das fast immer durch spontane Mutationen in der väterlichen, nicht aber der mütterlichen Keimzellbildung entsteht.

Homosexualität und Transsexualität:
Zum Anderssein verdammt?

Das Sein bestimmt das Bewusstsein: Für das Gefühl der Zugehörigkeit zum eigenen biologischen Geschlecht gilt das politische Credo von Karl Marx nicht in allen Fällen. Das zeitweilige Ausbrechen aus der eigenen Geschlechterrolle hat, wie die Vielzahl von Verkleidungskomödien in der Theatergeschichte zeigt, für viele Menschen einen spielerischen Reiz. Für manche ist das zeitweilige Tragen von Kleidung des anderen Geschlechts Ausdruck eines Konventionen überschreitenden Lebensgefühls, ohne dass ein dauerhafter Seitenwechsel beabsichtigt wäre. Hier haben es die Frauen in der Gesellschaft leichter als die Männer. Die Zeiten, in denen die Dichterin George Sand in Männerkleidern zur Skandalfigur der Pariser Literatursalons wurde, liegen weit zurück. Ein männlicher Transvestit wird dagegen, wenn er nicht gerade auf der Varietébühne steht, noch heute einer extremen sexuellen Abweichung geziehen.

Transvestitismus wird dabei oft grob vereinfachend oder auch in diskriminierender Absicht mit Homosexualität gleichgesetzt und umgekehrt, obwohl Homosexualität in ihrer zumeist völlig unspektakulären Form eine in allen Völkern weit verbreitete Lebensweise ist. Ein häufig genannter Schätzwert geht davon aus, dass etwa 4 % aller Menschen gleichgeschlechtlich orientiert sind.

Die Ausrichtung des Sexualverhaltens auf Angehörige des eigenen Geschlechts ist ein Phänomen, das so alt ist wie die Menschheit selbst. Mehr noch: Gleichgeschlechtliche Sexualität in den verschiedensten Formen ist auch im Tierreich verbreitet, von gelegentlichen Paarungsversuchen unter Käfermännchen über Delfinweibchen, die sich gegenseitig mit den Flossen stimulieren bis zu Möwenmännchen, die gemeinsam ein Nest bauen und verwaiste junge Artgenossen füttern.

Die erste Frage lautet also, ob Homosexualität, wenn sie schon quer durch die Spezies so verbreitet ist, überhaupt als abnorm bezeichnet werden kann, und die mit ihr oft vermischte und in der Geschichte sehr unterschiedlich beantwortete zweite Frage ist, ob sich daraus eine Ächtung oder Verfolgung rechtfertigen lässt. Das Spektrum des Umgangs der Menschheit mit dem Phänomen Homosexualität reicht ja vom Lobpreis der gleichgeschlechtlichen Liebe bei Sappho und Straton in der Antike bis zur Verfolgung und Ermordung Homosexueller in den Jahren des Naziterrors.

Versuchen wir es biologisch zu fassen: Unter eng gefassten evolutionären Kriterien ist jede sexuelle Orientierung, die nicht auf die Erzeugung und Aufzucht von Nachkommen zielt, biologisch unproduktiv und damit abnorm. Auf den Menschen bezogen ist mit dieser formalistischen Einengung aber wenig anzufangen. Zum einen würde sie jedwede nicht auf Fortpflanzung ausgerichtete Lebensform ausgrenzen, also auch bewusst kinderlose heterosexuelle Ehen oder den priesterlichen Zölibat. Zum anderen zeigt ein Blick auf das Wachstum der Weltbevölkerung, dass unter heutigen Bedingungen Kinderreichtum nicht unbedingt ein Segen sein muss.

Der Soziobiologe Bruce Bagemihl kommt dagegen zu einem ebenso überraschenden wie einleuchtenden Schluss: Homosexualität sei artenübergreifend deshalb so verbreitet, weil sie denen, die sie praktizieren, gefällt und nicht schadet. Sie sei ein normaler Teil der biologischen Vielfalt. In der Tat steht Bagemihl damit nicht im Widerspruch zu den Regeln der Evolution: Verhalten, das nicht fortpflanzungsorientiert ist, führt zwar für das Individuum zur Nicht-Weitergabe seiner Gene in die nächste Generation, schadet ihm aber nicht unmittelbar. Sexuelles Vergnügen ist artengeschichtlich ein Belohnungsmechanismus für die Mühen der Fortpflanzung; wer sich diesen Lohn aber ohne Nachwuchspflege sichert, wird dafür selbst nicht bestraft.

Anders ausgedrückt: Die Natur ist kollektiv gnadenlos, individuell aber tolerant. Und das ist gut so.

Die in diesem Zusammenhang von manchen moralisierend als „Strafe der Schwulen" angeführte AIDS-Epidemie wird weltweit schon längst mehr über heterosexuelle als homosexuelle Kontakte verbreitet; dieses Argument zieht schon lange nicht mehr, es sei denn als Mahnung zur Monogamie gleich welcher Ausrichtung.

Was wissen wir nun über die Ursachen dafür, dass manche Menschen sich zum eigenen Geschlecht hingezogen fühlen? Trotz aller oft Biologie und Ideologie vermengenden Diskussionen nach wie vor ziemlich wenig. Homosexualität als nach den Mendelschen Regeln vererbtes Merkmal gibt es nicht; ebenso klar hat sich herausgestellt, dass ein heterosexuell orientierter Mensch nicht durch soziale Einflussnahme von außen zum Homosexuellen „umgepolt" werden kann. Unbestritten ist, dass die Prägung der sexuellen Ausrichtung bereits vor der Pubertät in zumeist unumkehrbarer Weise erfolgt. Die Versuche, biologische Faktoren für die Prägung sexueller Orientierungen wie auch anderer Persönlichkeitsstrukturen zu finden, bewegen sich von Untersuchungen anatomischer Hirnasymmetrien über immunologische Studien zur Immuntoleranz in der Gebärmutter und Forschungen an Eltern-Kind-Hierarchien bis zur inzwischen zum eigenständigen Fach aufgestiegenen Psychoneuroendokrinologie quer durch die medizinischen Disziplinen. Allein diese Verschiedenartigkeit der Forschungsansätze lässt vermuten, dass sich für ein so komplexes Phänomen wie die sexuelle Orientierung keine eindimensionale Erklärung finden lassen wird.

Ganz außen vor blieb aber auch die Genetik nicht. 1993 machte eine Untersuchung der Arbeitsgruppe um Dean Hamer an Familien mit mehreren männlichen homosexuellen Mitgliedern Schlagzeilen, in denen ein *linkage*, also ein überzufälliger Zusammenhang, zwischen der Weitergabe eines bestimmten der beiden mütterlichen X-Chromosomen und der Manifestation von männlicher Homosexualität beschrieben wurde. Der Schluss lag nahe, dass es auf dem X-Chromosom ein „Schwulen-Gen" geben müsse. Nach diesem wird zehn Jahre später immer noch vergeblich gefahndet; inzwischen wurden auch in weiteren statistischen Studien Hamers Daten teils angezweifelt, teils unterstützt.

Ob und in welchem Maße Homosexualität genetisch mitbestimmt wird, bleibt also weiter offen. Ebenso kontrovers wie bezeichnend für die gesellschaftliche Sprengkraft genetischer Studien waren die Reaktionen innerhalb der *gay community* auf Hamers Thesen. Während manche die Annahme, ihre Neigung liege „in den Genen", als Freispruch von den verbreiteten Vorwürfen moralischen Fehlverhaltens begrüßten, fühlten sich andere durch dieselben Daten als „Erbkranke" abgestempelt, die ihren Lebensweg nicht aus freiem Willen beschritten hätten.

Immer wieder bewusst oder unbewusst mit der Homosexualität gleichgesetzt, aber in Wirklichkeit auf einer völlig anderen Ebene angesiedelt ist die Problematik der Transsexualität. Hier geht es um Menschen, die sich nach den Grundstrukturen ihrer Persönlichkeit in ihrem organisch und sozial bestimmten Geschlecht fremd fühlen.

Sie betrachten sich nicht etwa als Mann, der gerne eine Frau *wäre* oder umgekehrt, sondern nach ihrem Selbstverständnis *sind* sie Männer oder Frauen, die durch einen Irrtum der Natur „im falschen Körper" leben müssen, nämlich in dem des als fremd empfundenen Geschlechts[105]. Der Begriff „Transsexualität" ist zwar verbreitet, aber eigentlich unglücklich gewählt, denn es geht um die Selbstidentifikation der Gesamtpersönlichkeit, bei der die Sexualität nur eine und meist nicht die im Vordergrund stehende Dimension darstellt. Die von vielen Betroffenen bevorzugte neutralere Formulierung „Transgender" hat sich aber bislang nicht so recht durchgesetzt.

Menschen, die im anderen Geschlecht leben wollen, hat es wohl schon immer gegeben. So steht Männern in Polynesien

---

[105] B. Kamprad und W. Schiffels, 1991. Im falschen Körper.

traditionell der Lebensweg einer *māhu* offen. Dazu nehmen sie den sozialen Status einer Frau an, von der Kleidung über den Beruf bis zu religiösen Tabus, und werden dann in der Gesellschaft voll als Frauen akzeptiert. In der polynesischen Kultur werden offenbar Geschlecht und Sexualität eines Menschen als voneinander unabhängig wahrgenommen, was bei der Christianisierung unausweichlich zu Konflikten führte.

In unserem Kulturkreis dagegen gewann die Transsexualität erst in den siebziger Jahren mit dem spektakulären Fall des Arztes und Tennisprofis Richard Raskind, später Renée Richards, öffentliche Aufmerksamkeit[106]. Schnell entwickelte sich auch bei uns eine erstaunlich offene Diskussion, aus der heraus mit einem in der deutschen Geschichte bis dahin einmaligen Akt gesetzgeberischen Weitblicks 1980 das Transsexuellengesetz entstand. Mit ihm wurde bis in die Formulierungen hinein das geschlechtliche Bewusstsein klar über das organische Mann- oder Frau-Sein gestellt; insbesondere haben die zuständigen Gerichte nicht etwa eine „Geschlechtsumwandlung" zu genehmigen, sondern lediglich die Zugehörigkeit zum anderen Geschlecht rechtlich festzustellen.[107] Vor einer geplanten Vornamensänderung und einer, nicht von allen Transsexuellen gewünschten, die äußeren Geschlechtsmerkmale an das Zielgeschlecht anpassenden Operation müssen Sachverständige beurteilen, ob der Wunsch nach Geschlechtsanpassung so unumkehrbar ist, wie es die Tragweite seiner medizinischen und sozialen Konsequenzen erfordert.

---

[106] Nach ihrer Mann-zu-Frau-Geschlechtsanpassung setzte Renée Richards 1977 vor dem Supreme Court der USA ihre Zulassung zu Damen-Tennisturnieren durch. 1978, mit 44 Jahren, erreichte sie das Viertelfinale der US Open.

[107] „Auf Antrag einer Person, die sich auf Grund ihrer transsexuellen Prägung nicht mehr dem in ihrem Geburtseintrag angegebenen, sondern dem anderen Geschlecht als zugehörig empfindet und die seit mindestens drei Jahren unter dem Zwang steht, ihren Vorstellungen entsprechend zu leben, ist vom Gericht festzustellen, dass sie als dem anderen Geschlecht zugehörig anzusehen ist …" TSG, §8.

Die aus diesen Gutachten und der psychologischen Grundlagenforschung gewonnenen Erfahrungen lassen keinen Zweifel daran, dass das Leben im als falsch empfundenen Geschlecht enormen Leidensdruck erzeugt, der bis in den Selbstmord führen kann. Die soziale und chirurgische Anpassung an das Wunschgeschlecht bietet diesen Menschen eine reelle Chance, aber eben keine Garantie dafür, in ein glücklicheres Leben zu finden. Trotz aller rechtlichen Optionen und medizinischen Möglichkeiten ist der Weg ins andere Geschlecht auf der sozialen Ebene, vom familiären Umfeld bis in das Arbeitsleben, nach wie vor außerordentlich steinig.

Die Frage nach den biologischen Ursachen von Transsexualität bleibt aber weiterhin unbeantwortet. Die nächstliegende Vermutung, dass Anomalien der Geschlechtschromosomen eine Rolle spielen könnten, hat sich abgesehen von wenigen Einzelbeobachtungen nicht bestätigt; für eine familiäre Erblichkeit ergeben sich ebenso keine Hinweise. Vom klinischen Untersuchungsbefund her zeigen transsexuelle Menschen, meist zu ihrem Leidwesen, in aller Regel das unauffällige Bild ihres organischen Geschlechtes. Eine rein psychische oder soziale Prägung von Transsexualität scheint es ebenso wenig zu geben; die meisten transsexuellen Menschen können ihre Konfliktsituation bis in ihre frühe Kindheit zurückverfolgen, ohne dass sie aus problematischen Familienstrukturen erklärbar wäre.

Im Mittelpunkt des wissenschaftlichen Interesses stehen derzeit die Geschlechtshormone. Eine zentrale Rolle in der Diskussion um die Entwicklung von Geschlechtsidentität spielt die Annahme, dass Wirkungen von Geschlechtshormonrezeptoren im sich entwickelnden Gehirn die psychische Identifikation mit dem organischen Geschlecht prägen, im Falle von Funktionsstörungen aber eine Dissoziation von organischem und gefühltem Geschlecht bewirken könnten. Tragfähige Beweise gibt es hierfür aber bislang nicht.

Letztlich laufen die Erkenntnisse der Geschlechterforschung aus den vergangenen Jahrhunderten in der Erkenntnis zusammen, dass die Begriffe „Mann" und „Frau" nicht unumstößliche biologische Definitionen, sondern die Summe der aus genetischen Unterschieden und ihren organischen und sozialen Folgeerscheinungen abgeleiteten Zuschreibungen darstellen. Dabei sind, wie wir gesehen haben, die genetischen Unterschiede geringer, die biologischen Folgeerscheinungen variabler und vor allem die sozialen Einordnungen subjektiver, als dies weithin den Anschein hat oder haben soll. Das Verdienst, das politische Fundament des sexistischen Gedankengebäudes erstmals freigelegt zu haben, gebührt – Ironie der Geschichte – weder den Suffragetten des neunzehnten Jahrhunderts noch Gloria Steinem oder Alice Schwarzer: „Alle Gesetze scheinen nur dazu gemacht zu sein, die Männer in der Position zu bewahren, in der sie sich befinden", schrieb François Poulain de la Barre schon im Jahre 1673[108].

---

[108] „Toutes les lois semblent n'avoir été faites que pour maintenir les hommes dans la position où ils sont." F. Poulain de la Barre, 1673. In: De l'égalité des deux sexes.

Kapitel 4

Gesundheit – ein Menschenrecht?

„Müsste nicht der erste Mensch, der einen anderen Menschen nach eigenem Belieben in seinem natürlichen Sosein festlegt, auch jene gleichen Freiheiten zerstören, die unter Ebenbürtigen bestehen, um deren Verschiedenheit zu garantieren?" (Jürgen Habermas, 2001)[109]

Von *mens sana in corpore sano* bis zu *fit for fun*, von den Heldenepen der Antike bis zum Kult um Boygroups und Supermodels des 21. Jahrhunderts hat sich die Menschheit schon immer Ideale von Gesundheit, Schönheit und Jugend gesetzt, die nur für wenige Glückliche erreichbar waren und sind. Aus dieser ebenso schmerzlichen wie unleugbaren Gewissheit heraus hat sich für das Selbstwertgefühl der Vielen ein Auffangtatbestand herausgebildet, nämlich die wie auch immer verstandene Normalität.

Wenn auch der Individualismus als Drang, sich aus der Masse herauszuheben, eine der kulturübergreifend stärksten und, als Antidot zum Totalitarismus, auch segensreichsten geistesgeschichtlichen Strömungen der Neuzeit ist, so ist doch für die Gesundheit der Normwert das Ziel allen Strebens.

Von der Wortbedeutung her kann Normalität statistisch – als der Mehrheit zugehörig –, oder aber normativ – als funktionell oder sogar moralisch gut – verstanden werden. Auch wenn jeder weiß, dass beides nicht immer zusammenfällt: Dass der Satz „Du bist ja nicht normal!" zumeist als Be-

---

[109] Dankesrede zum Empfang des Friedenspreises des Deutschen Buchhandels 2001.

schimpfung gemeint ist und auch so aufgefasst wird, zeigt, dass eher letzteres Verständnis verbreitet ist.

Hier funktionieren dieselben Mechanismen von Identifikation und Abgrenzung wie bei Speziesismus, Rassismus und Sexismus. Diejenige Gruppe, der man selbst zugehörig ist, wird gegenüber den anderen als qualitativ und moralisch überlegen definiert, und um dieser Selbsterhöhung den Ruch der Willkür zu nehmen, wird dafür nach objektiven, am besten naturwissenschaftlichen Argumenten gesucht.

Anders als die individuell unveränderlichen Zuordnungen nach Spezies, Rasse und Geschlecht ist Gesundheit allerdings ein verlierbarer Status. Man läuft hier also Gefahr, den Wertvorstellungen, denen man heute überzeugt anhängt, morgen selbst nicht mehr zu genügen. Hieraus erklärt sich eine verbreitete Doppelzüngigkeit: Der Mensch neigt dazu, denjenigen Gebrechen bei anderen verständnisvoll gegenüberzustehen, von denen er sich selbst bedroht fühlt. Dementsprechend stehen in der sozialen Hierarchie der Krankheiten Herzinfarkt und Krebs weit oben, während man mit Suchtkrankheiten oder Demenz erst als Angehöriger oder Betroffener umzugehen lernt. Es drängt sich mitunter sogar der Eindruck auf, dass auch die Geldströme der Forschungsförderung entscheidend von den eigenen gesundheitlichen Sorgen der politischen Entscheidungsträger mitgesteuert werden.

Die Geschichte des Umgangs mit dem gesundheitlichen Anderssein – soweit es nicht um heilbare Krankheiten und damit lösbare Probleme geht – ist über weite Strecken von Ausgrenzung oder sogar gesellschaftlich geforderter Ausmerzung geprägt; Toleranz und Akzeptanz sind Erfindungen der Neuzeit, die sich bei weitem noch nicht durchgesetzt haben[110].

---

[110] „Toleranz sollte eigentlich nur eine vorübergehende Gesinnung sein: Sie muss zur Anerkennung führen. Dulden heißt beleidigen." J. W. v. Goethe, 1833. In: Maximen und Reflexionen.

In vorgeschichtlicher Zeit war das zumeist allein entscheidende Kriterium für die Aufnahme eines Menschen in die Familie seine Fähigkeit, aktiv zu deren Überleben beizutragen. Es war in den meisten Kulturen üblich, dass das Oberhaupt einer Familie, also zumeist der Vater, entschied, ob ein neugeborenes Kind angenommen oder aber ausgesetzt und damit getötet wurde. Kinder mit erkennbaren Behinderungen hatten daher keine Überlebenschance; ihrer Tötung standen keine Verbote und wohl auch kein Unrechtsbewusstsein entgegen.

In den Soldatenstaaten der Antike, allen voran Sparta, war die Wehrtüchtigkeit oder Kriegsnützlichkeit eines Menschen der Maßstab für sein Lebensrecht. Hier oblag die Entscheidung dem Ältestenrat; wer behindert und damit nutzlos erschien, wurde in die Schluchten des Berges Taygetos gestürzt. Man war allerdings klug genug, Kriegsinvaliden Schonung zu garantieren, um nicht die Risikobereitschaft der Soldaten in der Schlacht zu vermindern. Auch die ansonsten die Bürgerrechte stärkenden Gesetze Solons in Athen erhoben das Töten behinderter Kinder zur Staatsräson.

Ganz in diesem Sinn unterschied die hippokratische Medizin die behandelbaren Leiden streng von den unbehandelbaren, von deren Behandlung der Arzt Abstand nehmen sollte. Dass der klumpfüßige Gott Hephaistos und der blinde Seher Teiresias in der griechischen Mythologie herausragende Rollen spielten, tat dem keinen Abbruch.

Auch im antiken Rom wurden behinderte Menschen entweder getötet, versklavt oder zur Volksbelustigung ausgestellt. Der „Narrenmarkt", das *forum morionum* der Kaiserzeit, war der erste Vorläufer der *freak shows*, die es bis ins zwanzigste Jahrhundert auch bei uns auf Jahrmärkten gab.

Allerdings gab es bereits in vorchristlicher Zeit religiös motivierte Toleranzgebote, die beispielsweise in Ägypten

Blinde und Gelähmte unter den Schutz der Götter stellten und sie für den Dienst im Tempel prädestinierten[111].

Leitmotive für die Einstellung zu Krankheit und Behinderung im Altertum waren die Verknüpfung von Leiden mit Schuld und, davon beeinflusst, seine Tabuisierung als böses Omen. Krankheit wurde als göttliche Strafe für das Fehlverhalten des Kranken, die Geburt behinderter Kinder als Folge der Sünden der Eltern betrachtet. Der gesellschaftliche Umgang mit Kranken wiederum wurde aus der Befürchtung heraus vermieden, den Zorn der Götter auf die eigene Familie zu lenken.

In der Bibel lässt sich diese Haltung noch im Alten Testament finden, wohingegen sich im Johannesevangelium Jesus explizit vom Schuldprinzip für Krankheit abwendet[112].

Diesem Grundsatz der *caritas* folgend verbot der erste christliche Kaiser Konstantin die Kindsaussetzung im römischen Reich. Auch der Koran, der die einflussreiche arabische Medizin des Mittelalters prägte, fordert für den Umgang mit Behinderten Fürsorge und Toleranz[113].

Ganz wurde die Dämonisierung von Krankheit aber nicht überwunden. Im Volksglauben wie auch im Klerus blieb der Glaube an Teufelsbesessenheit verbreitet, so dass verhaltensauffällige Kranke, etwa Epileptiker, dem Exorzismus statt der ohnehin meist hilflosen Medizin zugeführt wurden. Behin-

---

[111] „Lache nicht über einen Blinden, verspotte nicht den Zwerg und verschlimmere nicht den Zustand eines Lahmen. Verhöhne nicht einen Mann, der in der Hand des Gottes ist und zürne ihm nicht, wenn er fällt." Lehre des Amenemope, um 1200 v. Chr.

[112] „Denn ich, der Herr, dein Gott, bin ein eifersüchtiger Gott: Bei denen, die mir Feind sind, verfolge ich die Schuld der Väter an den Söhnen, in der dritten und vierten Generation." Ex. 20,5. Dagegen: „Unterwegs sah Jesus einen Mann, der seit seiner Geburt blind war. Da fragten ihn seine Jünger: Rabbi, wer hat gesündigt? Er selbst? Oder haben seine Eltern gesündigt, sodass er blind geboren wurde? Jesus antwortete: Weder er noch seine Eltern haben gesündigt, sondern das Wirken Gottes soll an ihm offenbar werden." Joh. 9,1–3.

[113] „Und gebt den Schwachsinnigen nicht euer Gut, das Allah euch zum Unterhalt anvertraut hat; sondern nährt sie damit und kleidet sie und sprecht Worte der Güte zu ihnen." Sure 4,5.

derte Kinder wurden als „Wechselbälger" verdächtigt, die der Teufel den ahnungslosen Eltern untergeschoben habe.

Konsequenz des Spannungsverhältnisses zwischen Tötungsverbot und Tabuisierung war der bis in die Neuzeit eingehaltene Usus des Versteckens von Behinderten in der Familie oder ihrer Verwahrung in Anstalten. Nur wenige Reformer wie der durch das nach ihm benannte Syndrom bekannt gewordene John Langdon Down um 1870 bemühten sich, mit allerdings begrenztem Erfolg, um eine Öffnung der Behindertenanstalten und den Zugang ihrer Insassen zum Alltagsleben. Die Schatten dieser Vergangenheit scheinen noch die gegenwärtigen Diskussionen um die Reform der stationären Psychiatrie oder die integrative Beschulung geistig behinderter Kinder mitzubestimmen.

Mit der Aufklärung erfuhr das christliche Gebot der Nächstenliebe und der Glaube an die Gottesebenbildlichkeit des Menschen eine philosophische Ergänzung durch die Ideen der unverlierbaren Menschenwürde und der aus ihr abgeleiteten unveräußerlichen Menschenrechte. Auf die Stellung Kranker und Behinderter in der Gesellschaft bezogen bedeutete dies eine Absage an jede Form der Bemessung von Lebensrecht nach Nützlichkeit[114]. Diese Denktradition nachzuverfolgen ginge über das hier zu Erörternde hinaus; ihr aktueller gesetzgeberischer Ausdruck in Deutschland ist die Ergänzung des Grundgesetzes erst 1994 durch die Formulierung „Niemand darf wegen seiner Behinderung benachteiligt werden"[115].

In der Biologie des 19. Jahrhunderts dagegen wurden durch Darwin und seine Mitstreiter die aus der Antike bekannten Selektionsgedanken zunächst für die Evolution der Lebewesen insgesamt aufgenommen und dann auch auf den Menschen übertragen. Schon Aristoteles hatte empfohlen, ver-

---

[114] „Was einen Preis hat, an dessen Stelle kann auch etwas anderes ... gesetzt werden; was dagegen über allen Preis erhaben ist ... das hat eine Würde." I. Kant, 1785. In: Metaphysik der Sitten.
[115] Art. 3 Abs. 3 GG.

krüppelte Kinder nach der Geburt sterben zu lassen[116]. Ernst Haeckel beschrieb angeborene Fehlbildungen als Atavismen, also Rückfälle in niedrigere Stufen der Evolution, und sprach ihren Trägern als „Affenmenschen" den Status vollwertiger Menschen ab[117].

Charles Darwin schrieb in seiner „Abstammung des Menschen" unverhohlen davon, dass auch in zivilisierten Gesellschaften die Schwachen eliminiert werden müssten, so wie es auch in der Tierzucht notwendig sei[118]. Aus den humanitären Vorstellungen seiner Person wie seiner Epoche heraus überstieg es zweifellos Darwins Phantasie, dass derlei einmal mit staatlicher Gewalt versucht werden könnte. Dennoch kann ihm der Vorwurf nicht erspart werden, dass er eifrige – zu eifrige – Schüler auf den Plan gerufen hat.

Schon einige Jahre vor den Äußerungen Darwins hatte sein schon erwähnter Vetter Francis Galton die Theorie entwickelt, dass menschliche Tugenden erblich bestimmt seien. In ihrer Konsequenz prägte er den Begriff der, zunächst positiven, Eugenik für die systematische Förderung wünschenswerter Erbeigenschaften. Dass Galton zur Untermauerung seiner

---

[116] „Hinsichtlich der Aussetzung und Auferziehung der Geborenen soll das Gesetz gelten, dass keine verkrüppelte Geburt aufgezogen werde." Aristoteles, um 350 v. Chr. In: Politica.

[117] „Carl Vogt untersuchte Affenmenschen (Microcephali). Diese sind Missgeburten, von denen zwar der Körper sonst gut entwickelt ist, aber das Gehirn und der Gehirnschädel auf der niederen Stufe unserer uralten Voreltern, der Affen, stehen geblieben ist. Demgemäß sind auch die Seelenerscheinungen der Affenmenschen, welche von ganz gesunden Eltern erzeugt sind, nicht denen der Menschen, sondern der Affen gleich. Es sind, zum Theil wenigstens, Rückschläge in die längst ausgestorbene affenartige Stammform des Menschen." E. Haeckel, 1868. In: Natürliche Schöpfungsgeschichte.

[118] „Bei den Wilden werden die geistig und körperlich Schwachen bald eliminiert, und die Überlebenden zeigen zumeist eine starke Gesundheit. Wir zivilisierte Menschen dagegen tun unser Äußerstes, um den Prozess der Eliminierung aufzuhalten ... So pflanzen die schwachen Mitglieder der zivilisierten Gesellschaften ihre Art fort. Niemand, der sich mit der Zucht von Haustieren befasst hat, wird bezweifeln, dass das für die Menschheit höchst schädlich sein muss." C. Darwin, 1871. In: The Descent of Man.

Thesen mit Vorliebe den eigenen, etwas geschönten Familienstammbaum anführte, sei nur am Rande erwähnt. Der nahe liegende negativ-eugenische Umkehrschluss war der Glaube an die Vererbbarkeit und damit „erbhygienische" Vermeidbarkeit nicht nur bestimmter Krankheiten, sondern auch unerwünschter Charakterzüge. Auch dies war kein ganz neuer Gedanke: Der Vorschlag einer staatlich gelenkten Zuchtwahl zugunsten der Tüchtigsten findet sich schon bei Platon[119].

Neu war im zwanzigsten Jahrhundert allerdings die brutale Konsequenz, mit der die philosophischen Gedankenspiele, als biologisch notwendiges Vorgehen ummäntelt, in die Tat umgesetzt wurden.

Protagonisten dieses Biologismus waren Karl Binding und Alfred Hoche, die in ihrem Buch über die „Vernichtung lebensunwerten Lebens" kurz nach dem Ersten Weltkrieg volkswirtschaftliche Modellrechnungen zu den Kosten für die Krankenpflege in Anstalten vornahmen. Dies war eine klare Absage an das Menschenbild der Aufklärung; der Schritt zurück vom Respekt für die Menschenwürde zur ökonomischen Bewertung von Lebensrecht war vollzogen[120]. Gleichzeitig lieferten die zu ihrer Zeit hochrenommierten Wissenschaftler – der Jurist Binding war emeritierter Rektor der Universität Leipzig, Hoche bekleidete den Lehrstuhl für Psychiatrie in Freiburg – mit Be-

---

[119] „Es müssen ja nach dem Zugegebenen die besten Männer den besten Weibern möglichst oft beiwohnen, und die schlechtesten Männer den schlechtesten Weibern möglichst selten, und die Kinder der einen muss man aufziehen, die der andern aber nicht, wenn die Herde möglichst vorzüglich sein soll." Platon, nach 387 v.Chr. In: Politeia.

[120] „Es gibt Leben, das für den Träger wie für die Gesellschaft allen Wert verloren hat. Es ist eine peinliche Vorstellung, dass ganze Generationen von Pflegern neben diesen leeren Menschenhülsen dahinaltern, von denen nicht wenige 70 Jahre und älter werden. Es sind ‚Ballastexistenzen' durch ‚Fremdkörpercharakter der geistig Toten' im Gefüge der menschlichen Gesellschaft, gekennzeichnet durch das Fehlen irgendwelcher produktiver Leistungen und den Zustand völliger Hilflosigkeit mit der Notwendigkeit der Versorgung durch Dritte." A. Hoche, 1922. In: Die Freigabe der Vernichtung lebensunwerten Lebens.

griffen wie „Ballastexistenzen" und „leeren Menschenhülsen" das propagandistische Vokabular, dessen sich die Nazis wenige Jahre später nur zu gerne bedienten. Auffallend war dabei die fast wortgleiche Aufnahme der eugenischen Thesen Darwins durch Binding und Hoche – mit dem Unterschied, dass sie schon im Titel ihres Buches die „Freigabe der Vernichtung" forderten und sich damit vom Tabu des Tötens distanzierten.[121]

Dass der zu jener Zeit noch bedeutungslose Adolf Hitler denselben Ideen des „Kampfes ums Dasein" anhing und sie in gleichermaßen kruder Weise rassistisch und behindertenfeindlich interpretierte, ist aus seinen Reden und Schriften hinlänglich bekannt[122]. Nach der Machtübernahme der Nazis war dann der Weg über das „Gesetz zur Verhütung erbkranken Nachwuchses" von 1934 bis in die Gaskammern der „Euthanasieprogramme" vorgezeichnet[123]. Ihr Wegbereiter Alfred Hoche wandelte sich in seinem letzten Lebensjahren zu spät zum Gegner der NS-Vernichtungspolitik – nachdem ihm selbst eine Urne mit der Asche eines umgebrachten Familienmitgliedes zugestellt worden war.

Die von den Nationalsozialisten angeordneten Massenmorde an Behinderten der damaligen Landesheilanstalt Hada-

---

[121] „Der Erfüllung dieser Aufgabe steht das moderne Bestreben entgegen, möglichst auch die Schwächlinge aller Sorten zu erhalten, allen, auch den zwar nicht geistig Toten, aber doch ihrer Organisation nach minderwertigen Elementen Pflege und Schutz angedeihen zu lassen – Bemühungen, die dadurch ihre besondere Tragweite erhalten, dass es bisher nicht möglich gewesen, auch nicht im Ernste versucht worden ist, diese Defektmenschen von der Fortpflanzung auszuschließen." K. Binding und A. Hoche, 1922, ebenda.

[122] „Der Kampf um das tägliche Brot lässt alles Schwache und Kränkelnde, weniger Entschlossene unterliegen." A. Hitler, 1929. In: Mein Kampf.

[123] Die von Hitlers Kanzlei und dem Reichsinnenministerium gegründete, nach ihrem Sitz in der Berliner Tiergartenstraße 4 „T4" genannte Organisation führte ab 1939 in sechs als Kliniken getarnten Einrichtungen als „Euthanasie" bezeichnete systematische Massenmorde an mindestens 120000 behinderten oder psychisch kranken Kindern und Erwachsenen durch. Allein in der vormaligen Landesheilanstalt im hessischen Hadamar wurden von Januar bis August 1941 über 10000 Menschen mit Kohlenmonoxydgas ermordet und dann verbrannt.

mar waren der monströse Höhepunkt, aber keineswegs das Ende gewalttätiger staatlicher Maßnahmen gegen behinderte Menschen. Noch 1996 wurde Skandinavien von einem Skandal erschüttert, als aufgedeckt wurde, dass dort bis in die siebziger Jahre hinein staatlich angeordnete Zwangssterilisationen an über hunderttausend psychisch kranken und geistig behinderten Menschen durchgeführt worden waren.

Warum alle diese Formen von Sozialdarwinismus und Eugenik über ihre Menschenverachtung hinaus auch biologisch nicht zum Ziel einer wie auch immer verstanden „gesünderen" Menschheit führen können, soll im Folgenden noch näher erörtert werden.

Betrachtet man die in der heutigen Gesellschaft verbreiteten Haltungen gegenüber behinderten Menschen, so finden sich unter der Oberfläche von rechtlicher Gleichstellung und verbesserten Lebensperspektiven immer noch virulente Spuren von Tabuisierung und Nützlichkeitsdenken. Dies führt zu geradezu paradoxen Erfahrungen der Betroffenen und ihrer Familien.

Auf der einen Seite steht eine verbesserte medizinische und pädagogische Betreuung, durch die beispielsweise die Lebenserwartung eines neugeborenen Kindes mit Down-Syndrom seit 1929 von neun auf über fünfzig Jahre angestiegen ist, und die im Gegensatz zu früher fast jedem von ihnen später ermöglicht, Lesen und Schreiben zu lernen. Auf der anderen Seite wird in Gerichtsurteilen der Anspruch festgeschrieben, als (nach eigenem Verständnis) Nicht-Behinderter vor dem Kontakt mit (sogenannten) Behinderten „geschützt" zu werden[124]. Hinzu scheint im Zeitalter darbender Sozialsysteme auf leisen Sohlen

---

[124] So das Oberlandesgericht Köln am 8.1.1998: „Der Beklagte wird verurteilt, ... durch geeignete Maßnahmen zu verhindern, dass von den auf seinem Grundstück untergebrachten, geistig behinderten Personen Lärmeinwirkungen wie Schreien, Stöhnen, Kreischen und sonstige unartikulierte Laute ... auf das Grundstück des Klägers dringen." (AZ: 7 U 83/96.)

die Zumessung medizinischer Leistungen nach ökonomischem Effekt statt nach Bedürftigkeit zurückzukehren.

Am deutlichsten werden diese inneren Widersprüche am sozialen Status der wenigen Menschen, denen es gelingt, die in der Öffentlichkeit verbreiteten Bedürfnisse nach Zurschaustellung von Toleranz sowie nach Bewunderung des Außerordentlichen gleichermaßen zu befriedigen.

Stephen Hawking ist unbestritten ein herausragender Physiker. Populär auch bei denen, die sich für Kosmologie nicht interessieren, ist er aber wohl eher *wegen* als *trotz* seiner schweren Körperbehinderung. Ausnahmepersönlichkeiten vom Format eines Wolfgang Schäuble oder Franklin D. Roosevelt haben natürlich aus ihrem individuellen sozialen Status heraus beste Möglichkeiten, ihre Lebensbedingungen nach ihren Bedürfnissen zu gestalten. Aber es ist eben nicht jeder ein Louis Pasteur, der nach seinem Schlaganfall im Alter von 45 Jahren unter den zahlreichen angebotenen Forschungsaufenthalten die an denjenigen Instituten auswählen konnte, die ihm behindertengerechte Laborräume zur Verfügung stellten.

Zumeist nämlich ist unsere Lebenswelt gnaden- und gedankenlos auf die Bedürfnisse einer „Normpopulation" zugeschnitten. Wer diesen beispielsweise durch ergonomische Statistiken definierten Standards nicht genügt, kann eben die obersten Knöpfe im Aufzug nicht erreichen oder den Fahrplan an der Bushaltestelle nicht lesen. Weh dem, der nicht der „Norm" entspricht.

Das Streben nach Normalität: Beispiel Intelligenz

Was bedeutet eigentlich „normal"? Genauer gefragt: Gibt es objektive biologische Maßstäbe für gesundheitliche Normalität, und ist es für einen Menschen möglich, diesen Maßstäben, so es sie denn gibt, vollständig zu entsprechen?

Unser intuitives Verständnis von Gesundheit und in seiner Folge die Tradition der wissenschaftlichen Medizin ist durch einfache Unterscheidungen geprägt. Im Sprachgebrauch wird der Gesundheit die Krankheit oder die Behinderung gegenübergestellt unter der Annahme, für jede Struktur und jede Funktion gebe es einen definierbaren, keine Abweichung zulassenden Normalzustand. Dies ist, wie wir alle wissen, in mehrerlei Hinsicht eine unzulässige Vereinfachung. Gerade für von mehreren Einflussfaktoren bestimmte Eigenschaften gibt es zum einen Abweichungen von der statistischen Norm nach oben, zum anderen fließende Übergänge zwischen Regelzustand und Defekt.

Betrachten wir als Beispiel das in seinen biologischen und sozialen Grundlagen komplexeste Merkmal des Menschen, nämlich die Intelligenz. Von der unvermeidlichen Subjektivität aller Versuche, Intelligenz zu messen, war bereits im vorangegangenen Kapitel die Rede. Dennoch wird man sich darauf verständigen können, dass es Menschen gibt, die nach allen weltweit angewendeten Intelligenztestverfahren besser abschneiden als, sagen wir, 99 % der übrigen Testpersonen. Sie sind wohl als außergewöhnlich begabt zu bezeichnen, und niemand, auch und gerade nicht der härteste Sozialdarwinist, wird ihnen ihren Platz in der Gesellschaft absprechen. Sie entsprechen also zwar nicht dem statistischen, wohl aber dem normativen Bild von Normalität. Ob ein hochbegabter Mensch aber mit seiner nach gängiger Auffassung positiven geistigen Anomalie subjektiv glücklich wird oder dem „Drama des begabten Kindes"[125] zum Opfer fällt, steht auf einem anderen Blatt.

Am anderen Ende der Statistik stehen diejenigen Menschen, denen das Erreichen von Meilensteinen der Entwicklung verwehrt bleibt, die wiederum 99 % der Gesamtbevölke-

---

[125] „Nach der vorherrschenden Meinung müssten diese Menschen – der Stolz ihrer Eltern – ein starkes und stabiles Selbstbewusstsein haben. Aber gerade das Gegenteil ist der Fall … Dahinter lauert die Depression, das Gefühl der Leere, der Selbstentfremdung, der Sinnlosigkeit ihres Daseins – sobald die Droge der Grandiosität ausfällt, sobald sie nicht ‚on top' sind, nicht mit Sicherheit der Superstar, oder wenn sie plötzlich das Gefühl bekommen, vor irgendeinem Idealbild ihrer selbst versagt zu haben." A. Miller, 1979. In: Das Drama des begabten Kindes.

rung erreichen, so beispielsweise aktives Sprachvermögen. Auch bei ihnen wird man sich darauf einigen können, dass eine geistige Behinderung besteht[126]. Sie liegen statistisch in demselben Maße außerhalb des Normalen wie die Hochbegabten, anders als diesen wird ihnen aber normativ eine negative Normabweichung zugemessen – was sie zum Objekt von Diskriminierung machen kann. Ihre Perspektiven, Glück zu empfinden und ein erfülltes Leben zu führen, sind davon aber solange unabhängig, wie ihnen die Chance dazu nicht durch eine fortschreitende Krankheit oder durch soziale Zwänge verwehrt wird.

So einig man sich in den Extrembereichen beider Richtungen sein mag: Auf keinen gemeinsamen Nenner, wer nun innerhalb oder außerhalb der Norm liege, wird man in den Randbereichen des statistischen Durchschnitts kommen. Wo etwa die Grenzen der normalen Intelligenz zur Hochbegabung auf der einen Seite und zur Minderbegabung und geistigen Behinderung auf der anderen Seite liegen, ist keineswegs objektiv beschreibbar. Nicht umsonst befasst sich mit dem Gutachterwesen ein ganzer Zweig der Medizin mit dem Versuch, den Schweregrad von Krankheiten oder Behinderungen zu quantifizieren.

Letztlich sind für die Beschreibung biologischer oder medizinischer Normalität weder statistische noch normative Kategorien hilfreich. Es kann sinnvollerweise nur um eine *funktionelle* Normalität gehen, die einer Person nicht als Etikettierung dauerhaft zu- oder abgesprochen werden kann, sondern die von den Anforderungen der aktuellen Lebenssituationen abhängt und sich mit ihnen ändern kann.

---

[126] Es gibt allerdings ernst zu nehmende grundsätzliche Einwände gegen die Bezeichnung „Geistige Behinderung", da sie über ihre deskriptive Intention hinaus – so möchte ich selbst sie in diesem Text verstanden wissen – schon einen diskriminierenden Charakter angenommen habe. Siehe etwa G. Feuser, 1996: „Geistigbehinderte gibt es nicht!"

Bleiben wir beim Beispiel Intelligenz: Wer über ein durchschnittliches mathematisches Verständnis verfügt, wird seine täglichen Einkäufe mit Leichtigkeit und seine Steuererklärung mit Mühe bewältigen, sich aber auf einem Mathematikerkongress hoffnungslos minderbemittelt fühlen. So wird jeder Mensch mit Situationen konfrontiert, denen er mit seinen natürlichen Gaben mehr oder aber weniger gut gewachsen ist.

So weit, so banal. In bestimmten Lebenslagen können aber auch Fähigkeiten gefragt sein, die ein nach landläufigen Kategorien behinderter Mensch in höherem Maße besitzt als ein nach üblichem Verständnis normal intelligenter. So besitzen nicht wenige, denen in gängigen Intelligenztests ein niedriger IQ zugemessen wird, ein für andere kaum nachvollziehbares Gespür für Stimmungen und Spannungen innerhalb ihres Umfeldes. Diese Fähigkeit wird, durchaus berechtigt, als „emotionale Intelligenz" zu beschreiben versucht.

Ähnlich ist es mit den bei jedem Menschen vorhandenen Unebenheiten in ihrem Intelligenzprofil, beispielsweise zwischen verbaler und mathematischer Intelligenz. Bei starker Ausprägung dieser intraindividuellen Intelligenzunterschiede spricht man von Teilleistungsschwächen, etwa bei der Legasthenie. Im Extremfall kommt es dabei vor, dass ein und dieselbe Person als Mathematiker wissenschaftliche Höchstleistungen erbringt, aber trotz aller Mühen keinen Satz fehlerfrei schreiben kann. In manchen Familien können solche Teilleistungsschwächen sogar über Generationen als beispielsweise erbliche Legasthenie nachverfolgbar sein.

Weniger bekannt ist die Tatsache, dass es auch das Umgekehrte gibt, nämlich innerhalb eines Gesamtbildes geistiger oder psychischer Behinderung bestehende Teilleistungs*stärken*. Ein eindrucksvolles Beispiel ist das Williams-Beuren-Syndrom, ein genetisch durch den Verlust eines Abschnitts auf einen Chromosom Nr. 7 verursachtes Behinderungsmuster. Nicht wenige Betroffene zeigen zwar in Intelligenztests eine deutlich ausgeprägte globale geistige Behinderung, aber eine weit oberhalb des Durchschnitts der nichtbehinderten

Allgemeinbevölkerung liegende musikalische Begabung; es gibt unter ihnen sogar Berufsmusiker.

Allgemein wird oft übersehen, dass das geistige Entwicklungspotenzial eines behinderten Menschen, genauso wie das jedes anderen, nicht bloß vom Funktionszustand eines einzelnen Gens oder der Kopienzahl eines bestimmten Chromosoms abhängt, sondern vom Zusammenwirken einer Vielzahl von genetischen und sozialen Faktoren. Deshalb gibt es zwischen Menschen mit derselben Form von geistiger Behinderung dieselben nicht mit der Behinderung zusammenhängenden individuellen Begabungsunterschiede wie zwischen den sogenannten Normalen auch. Kein Mensch ist wie der andere, und auch kein behinderter Mensch ist wie der andere.

Erbleiden: Vom Fluch zum Persönlichkeitsmerkmal

Trotz seiner offensichtlichen Unzulänglichkeit hat sich das naive Verständnis einer wissenschaftlich definierbaren und von jedermann erreichbaren gesundheitlichen Normalität mit großer Hartnäckigkeit gehalten. Ausgehend vom die Medizin bei Ärzten wie Laien traditionell bestimmenden, auf organische Symptome zentrierten Krankheitsbegriff werden die Begriffe „normal", „unauffällig" und „gesund" weitgehend synonym gebraucht. Aber schon die Tatsache, dass „frei von Symptomen" nicht immer mit „gesund" gleichzusetzen ist, stößt bei uns allen auf emotionale Widerstände: Es fällt eben schwer, zur Krebsvorsorge zu gehen.

Betrachtet man die Rolle von Erbfaktoren bei der Entstehung von Krankheiten, liegen die Dinge noch wesentlich komplizierter; unser althergebrachtes Verständnis von Gesundheit ist hier nicht mehr brauchbar und oft sogar gefährlich.

Schon vor der Entstehung der Humangenetik als naturwissenschaftliche, später medizinische Disziplin waren Erbkrankheiten ein bekanntes Phänomen – es sei nur an die Bluterkrankheit im europäischen Hochadel erinnert. Diese Leiden wurden und werden, meist unausgesprochen, von allen anderen, als „nicht erblich" verstandenen Krankheiten unterschieden. Hieraus leiten sich zwei nahe liegende, aber falsche Folgerungen ab:

Zum einen etablierte sich der schon beschriebene eugenische Umkehrschluss, den Erbkrankheiten sei eine durch deren Abwesenheit definierbare und durch individuelle Fortpflanzungsdisziplin oder dirigistische Maßnahmen kollektiv erreichbare „Erbgesundheit" gegenüberzustellen.

Zum anderen wird noch heute der Einfluss genetischer Faktoren auf Krankheiten, die nicht familiär erblich sind, vielfach als *quantité négligeable* angesehen. Trotz der auch bei medizinischen Laien gängigen Lebenserfahrung, dass auch nicht im engeren Sinne erbliche Leiden wie Depressionen oder Diabetes „in der Familie liegen" können, gehören sorgfältige Familienanamnesen nicht unbedingt zur ärztlichen Routine; trotz der Beobachtung, dass Schadstoffe wie Nikotin oder Alkohol individuell sehr unterschiedlich toleriert werden, betrachtet man Zivilisationskrankheiten oft unreflektiert als Folge persönlichen Fehlverhaltens in scheinbar proportionaler Beziehung zwischen Ursache und Wirkung. Hier begegnen wir wieder der altbekannten Verknüpfung von Leiden mit Schuld.

Diese gängige Vernachlässigung genetischer Einflüsse auf die Gesundheit resultiert wesentlich aus dem komplexen Zusammenwirken von Erbe und Umwelt, von *nature* und *nurture* bei der Krankheitsentstehung, das bis vor kurzem einer naturwissenschaftlichen Aufklärung unzugänglich war.

Über lange Zeit, beginnend mit Garrods Arbeiten über Stoffwechselstörungen zu Beginn des 20. Jahrhunderts[127], musste sich die wissenschaftliche Ergründung krankheits-

---

[127] Siehe Kap. 1, S. 11.

auslösender Erbfaktoren auf die monogenen Mendelschen Erbkrankheiten beschränken, bei denen – zumindest in erster Näherung – von einem eindimensionalen Kausalzusammenhang zwischen der erblichen Mutation im für die Krankheit verantwortlichen Gen als Ursache und den Krankheitssymptomen als deren Folge auszugehen war. Seither ließen sich für viele, in näherer Zukunft wohl für alle klassischen Erbleiden verantwortliche Gene identifizieren. Es zeigte sich allerdings, dass innerhalb der Informationsabschnitte desselben Krankheitsgens von Familie zu Familie unterschiedliche Mutationen möglich sind, die Schweregrad und Verlauf der Krankheit wesentlich beeinflussen.

So trägt etwa jedes zweitausendste Neugeborene Mutationen reinerbig in beiden von den jeweils mischerbigen Eltern ererbten Kopien des Mukoviszidose-Gens, was zum klinischen Bild der rezessiv erblichen Mukoviszidose führt. Dabei führen Veränderungen in der Struktur eines den Salzhaushalt regulierenden Proteins zur Eindickung von Körpersekreten vor allem in Lunge und Verdauungstrakt. Im für dieses Protein codierenden Gen sind inzwischen über tausend verschiedene Einzelmutationen bekannt. Diese verursachen unterschiedlich schwere Funktionsstörungen des Proteins mit der Folge unterschiedlicher Symptomatik; die Mukoviszidose ist, wie auch andere Mendelsche Erbkrankheiten, schon auf der molekularen Ebene viel uneinheitlicher als es verbreiteten Vorstellungen entspricht.

Ob sich die Krankheit bereits bei der Geburt als Darmverschluss durch einen Schleimpfropf manifestiert oder aber erst nach Jahren durch hartnäckige Infekte in den mit Schleim belegten Atemwegen, wird dadurch beeinflusst, welche Einzelmutationen im Mukoviszidose-Gen individuell bestehen. Diese sind es aber nicht allein: Verlauf und Prognose der Krankheit werden wesentlich durch konsequente Medikamententherapie und persönliches Verhalten der Patienten, beispielsweise regelmäßige Atemgymnastik, mitbestimmt, worüber die immer weiter ansteigende Lebenserwartung von Mukoviszidosekranken Zeugnis ablegt. Die Erkenntnis eines biologisch unabänderlichen genetischen Defektes kann also einen Menschen nicht nur zur fatalistischen Hinnahme, sondern auch zu sinnvollem Handeln führen, durch das sich manche Erbkrankheit vom lebensbestimmenden Schicksal zum lebensbegleitenden Teil der Existenz wenden lässt[128].

Auch für Experten überraschend war allerdings vor wenigen Jahren die Erkenntnis, dass bei ansonsten völlig gesunden Männern mit unerfülltem Kinderwunsch reinerbige Mutationen in bestimmten Abschnitten des Mukoviszidose-Gens häufig sind. Diese führen nur zu einem angeborenen Verschluss der Samengänge, aber nicht dem klassischen Krankheitsbild der Mukoviszidose. Wie sich gezeigt hat, ist dies eine keineswegs seltene Ursache männlicher Unfruchtbarkeit.

So muss sich manch subjektiv weitgehend gesunder Erwachsener mit der Erkenntnis auseinander setzen, nach biologischer Definition von der Mukoviszidose betroffen zu sein, die man landläufig nur als schweres Erbleiden bei Kindern kennt. Verständlicherweise erschüttert eine solche Diagnose das Selbstbild der eigenen genetischen Integrität, was seitens der betreuenden Ärzte über die reine Diagnosemitteilung hinausgehende genetische Beratungsgespräche, oft auch eine Psychotherapie erforderlich macht. Hier besteht dann auch die Gelegenheit, die objektiv nachgewiesene genetische

---

[128] Dazu der, möglicherweise durch eine mild verlaufene Mukoviszidose, chronisch lungenkranke Philosoph Karl Jaspers: „Es handelt sich um die Entscheidung: entweder für die Krankheit zu leben und alles im Leben so einzurichten, dass das Maximum an physischer Gesundheit erreicht wird – ... oder aber in bezug auf die Gesundheit auch Risiken einzugehen und Einbußen in Kauf zu nehmen. Hypochondrische Fesselung der Aufmerksamkeit durch die Krankheit wäre ebenso töricht wie übermütiges Vergessen der Krankheit." K. Jaspers, 1967. In: Schicksal und Wille.

Anomalie in den richtigen statistischen Zusammenhang zu bringen: Fast jeder zwanzigste gesunde Europäer trägt, in aller Regel ohne es zu wissen, eine mischerbige Mutation im Mukoviszidose-Gen, und auch die Reinerbigen – mit mehr oder weniger stark beeinträchtigter Gesundheit – zählen nach Zehntausenden.

Unsere intuitiven Begriffe von Gesundheit und Krankheit versagen also bereits bei den scheinbar einfachen biologischen Zusammenhängen der klassischen Erbleiden. Dadurch können gefährliche Missverständnisse entstehen, wie das Beispiel des erblichen Brustkrebses zeigt:

Ungefähr jede zehnte Frau erkrankt im Laufe ihres Lebens an Brustkrebs. Betroffene Frauen stellen in ihren Familien zumeist Einzelfälle dar, in etwa jedem zwanzigsten Fall von Brustkrebs liegt der Krankheit aber eine dominant erbliche Krebsneigung zugrunde. Solche Familien fallen durch eine extreme Häufung von Brustkrebs, oft kombiniert mit Eierstockkrebs, in vergleichsweise jungem Lebensalter auf. Nachkommen einer Mutter, die von erblichem Brustkrebs betroffen ist, erben mit rechnerisch 50 % Wahrscheinlichkeit die Krebsneigung. Nicht alle Anlageträger erkranken auch, aber eine Frau mit der Anlage trägt ein Risiko von bis zu 80 %, im Alter von durchschnittlich unter 40 Jahren Brustkrebs zu bekommen, und auch Männer haben dann ein erhöhtes Risiko für den sonst extrem seltenen Brustkrebs des Mannes.

Anfang der neunziger Jahre wurden die beiden Gene BRCA1 und BRCA2 identifiziert, die in vielen, aber nicht allen belasteten Familien für den erblichen Brustkrebs verantwortlich sind. Hieraus ergibt sich die Möglichkeit, bei Brustkrebspatientinnen aus auffälligen Familien nach Mutationen in einem BRCA-Gen zu suchen. Wenn eine Mutation bei dieser sogenannten Indexpatientin nachgewiesen wurde, so besteht für alle Risikopersonen der Familie, beispielsweise ihre Töchter, die Möglichkeit zu überprüfen, ob die Krebsanlage geerbt wurde oder nicht. Es handelt sich also um eine „prädiktive" Diagnostik, die ein massiv erhöhtes Krebsrisiko erkennen oder aber ausschließen kann, ohne im Falle eines Nachweises eine Heilung zu ermöglichen. Dennoch war und ist in betroffenen Familien das Interesse groß, sich durch den Test entweder von der lebensüberschattenden Krebsangst zu befreien oder aber sich einer intensivierten Krebsvorsorge zu unterziehen, vielleicht sogar einer vorbeugenden operativen Entfernung der Brustdrüsen.

Allerdings wird das Ergebnis eines solchen prädiktiven Tests leicht überinterpretiert. Zum einen wird eine Frau, bei der eine BRCA-Mutation nachgewiesen worden ist, mit hoher Wahrscheinlichkeit, aber eben nicht mit Sicherheit an Brustkrebs erkranken, was die Sinnhaftigkeit der vorbeugenden Brustoperationen mit einem Fragezeichen versieht. Zum anderen bedeutet der Ausschluss der BRCA-Mutation nur die Entlastung vom familienspezifischen *Zusatz*risiko für Brustkrebs, aber das Grundrisiko von immerhin 10 %, wie es auch Frauen aus unbelasteter Familie tragen, bleibt bestehen. Es kann sich also als fatales Missverständnis erweisen, nach einem günstigen Gentestergebnis zu glauben, dass sich künftig die Krebsvorsorge erübrige.

Dennoch sind prädiktive Gentests ein glänzendes Geschäft für kommerzielle Labors und auch den Patentinhaber. Leider kann man sich des Eindrucks nicht erwehren, dass einige Anbieter kein allzu großes Interesse daran haben, die Öffentlichkeit über die eingeschränkte Aussagekraft der Untersuchungen aufzuklären. Folgerichtig wird im Geschäft um Gentests ein überzogener genetischer Determinismus kultiviert, der den zahlenden Patienten – und oft auch ihren betreuenden Ärzten – auf drängende Fragen klarere Antworten verspricht, als sie die Natur bereithält.

Die, mit den erwähnten Einschränkungen, rein genetisch verursachten Mendelschen Erbleiden stellen bezüglich des Zusammenwirkens von Erbe und Umwelt in der Krankheitsentstehung eine eher seltene Extremsituation dar. Am anderen Ende des Spektrums stehen rein von außen verursachte Störungen wie Unfälle oder akute Vergiftungen. In den weitaus meisten Situationen dagegen, zu denen auch die sogenannten „Volkskrankheiten" wie Diabetes oder Arteriosklerose zählen, haben wir es mit einem komplexen und kaum in Einzelfaktoren auflösbaren Zusammenwirken ererbter und erworbener Einflüsse bei der Krankheitsentstehung zu tun. Erst mit der systematischen Analyse des menschlichen Genoms haben sich bei einigen dieser bislang eher achselzuckend als „multifaktoriell verursacht" bezeichneten Leiden genetische Einzelkomponenten identifizieren lassen. Dabei handelt es sich nicht um krankheits*determinierende* Genmutationen, deren Wirkungen die Krankheit unausweichlich und vorhersagbar auslösen würden, sondern um krankheits*disponierende* Varianten bestimmter Gene, die für sich allein betrachtet keinen Krankheitswert besitzen, sondern lediglich als erbliche Risikofaktoren die Wahrscheinlichkeit erhöhen, dass die Krankheit ausbricht.

So war schon lange bekannt, dass die Gefahr von Venenthrombosen zum einen durch äußere Einflüsse wie Rauchen oder Bettlägerigkeit bestimmt wird, zum anderen aber auch durch eine bei manchen ansonsten gesunden Menschen bestehende konstitutionell erhöhte Gerinnungsneigung des Blutes. Vor wenigen Jahren konnte gezeigt werden, dass bei etwa jedem fünfzehnten Menschen – also mehreren Millionen allein in Deutschland – eine mischerbige Variante im Gen für einen Blutgerinnungsfaktor besteht, die durch den Austausch eines Eiweißbausteins im entsprechenden Protein eine erhöhte Thromboseneigung verursacht. In reinerbiger Form trägt etwa jeder tausendste Mensch diese als „Faktor V

Leiden" bezeichnete Variante. Diese objektiv messbare Abweichung von der genetischen Norm führt nun keineswegs schicksalhaft zu Thrombosen; auch Mutationsträger haben gute Chancen, zeitlebens davon verschont zu bleiben. Allerdings ist das lebenslange Thromboserisiko bei mischerbigen Mutationsträgern auf das Siebenfache, bei Reinerbigen auf das Achtzigfache erhöht. Im Zusammenwirken mit äußeren Faktoren kommt es zu einer Risikopotenzierung, so dass bei Frauen mit Faktor-V-Mutationen, die hormonelle Empfängnisverhütung betreiben, oder aber nach Hüftoperationen das Thromboserisiko noch deutlicher erhöht ist.

Welchen medizinischen Stellenwert sollen wir nun einer solchen genetischen Disposition zumessen, anders ausgedrückt: Wo liegt hier die Grenze zwischen Normvariante und Anomalie mit Krankheitswert? Dies ist durchaus keine rein akademische Frage, denn hieran entscheidet sich zum einen, wer getestet werden soll. Patienten vor geplanten Hüftoperationen? Frauen vor der Verschreibung der Pille? Oder gar per Screeningtest die gesamte Bevölkerung? Bei welcher Fragestellung müsste der Test von der Krankenkasse, wann privat bezahlt werden?

Zum anderen stellt sich die Frage nach der Einordnung einer solchen genetischen Anomalie in das Selbstbild derer, bei denen sie nachgewiesen wurde. Die unkommentierte Mitteilung des Laborbefundes durch den Hausarzt, so zeigt die Erfahrung, wird leicht als die Diagnose einer schweren Erbkrankheit überinterpretiert: An genetischen Beratungsstellen sind Anfragen mischerbiger Faktor-V-Leiden-Träger nichts Ungewöhnliches, ob sie sich nicht besser sterilisieren lassen sollten. Ohne angemessene Beratung laufen wir Gefahr, Menschen durch ungefragt aufgedrängtes Wissen unnötig das Gefühl des Krankseins zu vermitteln und ihnen ohne Not ein Stück unbeschwerten Lebens zu nehmen.

Aber auch im sozialen Miteinander kann das Normale normativ interpretiert werden und dementsprechend das Abnorme, wie auch immer es sich ausprägen mag, als persönlicher Makel – mit der Konsequenz der genetischen Diskriminierung auf dem Arbeitsmarkt oder bei der finanziellen Vorsorge. Folgerichtig befassen sich auch private Versicherungsunternehmen intensiv mit der Materie und betrachten genetische Tests zunehmend als legitimes Handwerkszeug für die Gestaltung von Lebensversicherungsverträgen.

Je mehr solche genetischen Dispositionsfaktoren wir kennen, desto deutlicher erweist sich, dass wahrscheinlich alle sogenannten Volkskrankheiten von häufigen Genvarianten mitbestimmt werden. Einige weitere Beispiele: Bei 10 % der Bevölkerung liegt eine Variante eines im Eisenstoffwechsel aktiven Gens vor, die zu Leberschäden disponiert, bei 17 % eine Genvariante im Fettstoffwechsel, die mit einem erhöhten Alzheimer-Risiko assoziiert ist – die Reihe ließe sich beliebig fortsetzen.

Bei so manchem der immer wieder als Schlüssel zur optimalen Gesundheitsvorsorge angepriesenen genetischen Risikofaktoren verliert sich die Aussagekraft teurer Tests aber doch gänzlich im Nebel der statistischen Unbestimmtheit:

Das Angiotensinogen ist die Vorstufe eines blutdrucksteigernden Hormons. Für das dafür zuständige AGT-Gen gibt es bei gesunden Menschen zwei Varianten: die 235. Aminosäure der Eiweißkette ist entweder Methionin (M) oder Threonin (T). Bei etwa 40 % der Europäer liegt die T-Variante reinerbig vor. In Bevölkerungsstudien hat sich nun gezeigt, dass diese T-Variante bei 60 % der Patienten mit Bluthochdruck vorliegt. Sie ist also offenbar ein, wenn auch nur statistisch fassbarer, genetischer Risikofaktor für Bluthochdruck und damit auch für Herzinfarkt und Schlaganfall. Was besagt es nun für einen einzelnen Menschen, ob er die AGT-235-Variante M oder T trägt? Offensichtlich herzlich wenig. Ebenso offensichtlich ist es allerdings, dass die potentiellen derartigen „Risikoträger" nach Millionen zählen und sich mit dem Versprechen, durch einen Gentest dem persönlichen Herzinfarktrisiko auf die Spur zu kommen, ein lukrativer Markt öffnen lässt.

Sogar unsere psychische Konstitution wird durch Genvarianten mitbestimmt; die erblich bedingten Schwächen des Menschen reichen offenbar noch über körperliche Volkskrankheiten hinaus bis ins Verhaltensrepertoire. So kommt das Gen für den Serotonin-Transporter, der an der Verarbeitung emotionaler Reize im Gehirn beteiligt ist, in der Bevölkerung in einer kurzen und einer langen Variante vor. Wer das Pech hat, mit der kurzen Variante ausgestattet zu sein, gehört wahrscheinlich zu den Sensiblen im Lande: Für sie ist es deutlich wahrscheinlicher, auf seelischen Stress depressiv zu reagieren als für Träger der langen Form des Gens. Unter ihnen ist sogar die Selbstmordrate signifikant erhöht.

Vom Bluthochdruck bis zum Diabetes, vom Herzinfarkt bis zur Depression: Offensichtlich besitzt jeder Mensch seine ganz persönliche Konstellation von genetischen Risikofaktoren, die ihn irgendwann in Form „ganz normaler" Krankheiten einholen. Es gibt also allen Grund, unsere genetische Konstitution ebenso selbstbewusst wie bescheiden als ihrem Wesen nach unvollkommen aufzufassen.

Es ist also letztlich nicht die Frage, *ob* ein Mensch genetische Anomalien trägt, sondern allenfalls *welche*, und welche sinnvollen Konsequenzen das Wissen darüber haben kann. Genetische Normalität im Sinne des zuvor beschriebenen intuitiven Verständnisses von „Erbgesundheit" gibt es nicht. Man braucht nur genug Gene durchzusequenzieren, um jedem Menschen nachweisen zu können, dass er irgendwelche Defekte trägt. Damit kann die scheinbar ironische Frage, ob wir alle erbkrank seien, durchaus mit ja beantwortet werden.

Dennoch: Für Fatalismus gibt es keinen Anlass, wir sind nicht die Sklaven unserer Gene. Fast alle erblichen Krankheitsdispositionen lassen ihren Trägern Spielraum für die eigene Lebensgestaltung. Wer durch die genetische Ausstattung seines Fettstoffwechsels zu Übergewicht neigt, muss zwar härter gegen die Pfunde kämpfen als andere und mag das als ungerecht empfinden; er kann den Kampf aber doch gewinnen. Auch wer durch aggressionsfördernde Genvarianten – auch diese gibt es – zum Choleriker geboren zu sein scheint, muss an sein Verhalten dieselben Maßstäbe anlegen lassen wie jeder andere Mensch. Schuldunfähigkeit per Gentest kann und sollte es auch in Zukunft nicht geben.

Günstige Gene: Sechser im Lotto der Evolution?

Wenn nun schon Genvarianten existieren, die zu gesundheitlichen Schwächen disponieren, dann liegt die Vermutung nahe, dass es auch das Umgekehrte geben müsste: Gene, deren Träger mit erstrebenswerten Eigenschaften ausgestattet sind. Genau dies scheint sich tatsächlich zu bewahrheiten: Sportlichkeit, Intelligenz und Langlebigkeit sind eben auch erblich mitbedingt, und auch für das Wissen über solche Anlagen beginnt sich aus Erkenntnissen der Grundlagenforschung ein veritabler Wirtschaftszweig zu entwickeln.

So hat sich als „Abfallprodukt" der Erforschung von Risikofaktoren für Herzkrankheiten gezeigt, dass etwa jeder vierte Europäer eine Variante des Gens für das Enzym ACE trägt, die zum einen mit einem erniedrigten Herzinfarktrisiko, zum anderen mit einem effizienteren Energiestoffwechsel der Muskulatur assoziiert ist. In einer Studie an britischen Rekruten reagierten diejenigen mit der „günstigen" I-Variante des ACE-Gens auf körperliches Training mit einer deutlich stärkeren Zunahme der Leistungsfähigkeit als ihre genetisch benachteiligten Kameraden. Erwartungsgemäß ist auch unter Hochleistungsalpinisten und Olympioniken die I-Variante deutlich häufiger als in der Durchschnittsbevölkerung.

Entsprechend groß ist die weltweite Aufmerksamkeit, die der ACE-Gentest in der Sportszene auf sich gezogen hat. Wie groß der graue Markt derer ist, die den Test weniger zur Herzinfarktprävention als zur Planung einer Sportlerkarriere in Anspruch nehmen, muss der Spekulation überlassen bleiben.

Im Jahre 2001 machte die Entdeckung Schlagzeilen, dass eine *linkage*, also eine statistische Assoziation, zwischen einer etwa 500 Gene umfassenden Region auf dem Chromosom 4 des Menschen und hoher Lebenserwartung besteht. Gegenwärtig wird versucht, innerhalb dieser Kandidatenregion das dort vermutete „Langlebigkeitsgen" zu identifizieren. Hier fragt sich allerdings, ob diesseits vager Hoffnungen auf die künftige Entwicklung genpharmazeutischer Jungbrunnen ein Gentest auf Interesse stoßen würde, der dem untersuchten Probanden nichts Weiteres aussagen würde als ein nach seinem genetischen Alterungsprogramm zu erwartendes ungefähres Sterbealter.

Dasselbe gilt auch für „Intelligenzgene", von denen ebenfalls bislang nur festzustehen scheint, dass es sie gibt, aber noch nicht, wo im Erbgut sie liegen und wie sie funktionieren. Durchaus machbar ist dagegen die Überprüfung, ob ein Mensch zu den etwa 10 % der Weltbevölkerung gehört, die durch eine genetische Variante im Immunsystem HIV-Viren keine Eintrittspforte bieten und deshalb praktisch nicht an AIDS erkranken können. Dieser CCR5-Test wird weltweit angeboten; welche Gruppen daran interessiert sein könnten, an einem entsprechenden Testergebnis die beruflichen oder privaten Verhaltensweisen zu orientieren, soll hier nicht weiter ausgeführt werden. Eine ähnliche Form von Lifestyle-Genetik bietet notorischen Hamburger-Essern der „Codon-129-Test", mit dem das körpereigene Prion-Protein des Probanden auf eine Strukturvariante untersucht wird, die mit einer Resistenz gegen die variante Creutzfeldt-Jakob-Krankheit, besser bekannt als menschliche Form des „Rinderwahns" BSE, assoziiert sein soll.

Über ihre oft eher fragwürdige Bedeutung für den einzelnen Menschen hinaus sind günstige Genvarianten aber für die Zukunftsperspektiven der Menschheit insgesamt von kaum zu überschätzender Wichtigkeit. Ein möglichst vielgestaltiger Bestand an Erbanlagen innerhalb einer Population ist nämlich, ganz im Sinne Darwins, für ihre Anpassung an Umweltbedingungen notwendig, die regional variieren oder sich auch global verändern können.

Von der Anlageträgerschaft für die Sichelzellanämie, die als Schutzfaktor gegen Malaria wirkt, war bereits die Rede. Aus einem ähnlichen Selektionsmechanismus scheint sich zu erklären, warum die Mukoviszidose in Europa so vergleichsweise häufig ist. Genau das Protein, dessen reinerbiger Defekt zu dieser Erbkrankheit führt, dient in nicht mutierter Form Typhus-Salmonellen im Darm als Eintrittspforte. Schon leichte Strukturdefekte des Proteins, wie sie bei mischerbigen Mukoviszidose-Anlageträgern bestehen, führen offenbar zu einer erhöhten Resistenz gegenüber Typhus, was unter den hygienischen Verhältnissen vergangener Jahrhunderte in unseren Breiten zweifellos einen Überlebensvorteil darstellte.

1927 kam es unter Neugeborenen in Lübeck durch einen mit Mykobakterien verunreinigten Impfstoff zu einer Masseninfektion mit Tuberkulose. Aber nur die Hälfte der Säuglinge erkrankte überhaupt, obwohl alle derselben Belastung mit Krankheitserregern ausgesetzt waren. Inzwischen hat sich herausgestellt, dass genetische Strukturvarianten im Vitamin-D-Rezeptor, die unter normalen Ernährungsbedingungen für den Vitaminhaushalt bedeutungslos sind, für die Immunabwehr gegen Mykobakterien bedeutsam sind. An ihnen entscheidet sich, wie empfindlich ein Mensch gegen Tuberkulose und Lepra ist. Das mag im heutigen Mitteleuropa von untergeordneter Bedeutung sein, in der sogenannten Dritten Welt aber keineswegs.

Nach evolutionären Maßstäben im Zeitraffer läuft derzeit die genetische Selektion zugunsten von Menschen ab, die durch die oben erwähnte CCR5-Variante gegen AIDS geschützt sind. In Regionen wie im südlichen Afrika, wo ein Großteil der jungen Erwachsenen HIV-infiziert ist und keinen Zugang zu erstweltlichen Therapien hat, kann dieses zuvor bedeutungslose Erbmerkmal seinen Trägern den entscheidenden Vorsprung zum individuellen Überleben und Fortpflanzungserfolg verschaffen und sich innerhalb weniger Generationen in der Population durchsetzen. Hier ist also die Minderheit im genetisch determinierten Selektionsvorteil, und es zeigt sich die Überlegenheit des funktionellen gegenüber dem statistisch Normalen.

Auch gegen andere neue Infektionskrankheiten gibt es offenbar genetisch determinierte Resistenzen, die vor BSE die Mehrheit der britischen Bevölkerung, vor Ebolafieber nur wenige Glückliche unter den Exponierten in Afrika zu schützen scheinen. Mit Sicherheit werden diesen biologischen Bedrohungen der Menschheit weitere folgen, und wer dann mit welchen genetischen Merkmalen zu den Begünstigten zählen wird, ist unabsehbar.

Es braucht wenig Phantasie vorauszusagen, dass die globalen Klimaveränderungen langfristig Menschen bevorteilen werden, die durch genetische Varianten widerstandsfähiger gegen Ozon in der Atemluft und gegen ultraviolette Strahlung sind als andere. Möglicherweise werden auch im Zusammenhang mit Umweltchemikalien genetische Enzymvarianten allgemeine Bedeutung gewinnen, die heute allenfalls als Störfaktoren für die Wirksamkeit bestimmter Medikamente diskutiert werden.

Auch hier ist die Frage nach dem Verständnis von genetischer Normalität nicht bloß von akademischer Bedeutung. Was heute als nutzlose oder schädliche genetische Variante erscheinen mag, kann sich schon morgen durch eine globale biologische Katastrophe als Schlüssel zum Fortbestand der Spezies Mensch erweisen.

Das Reservoir an genetischen Varianten stellt also für die Menschheit, wie für jede andere Tier- oder Pflanzenart auch, eine Manövriermasse für die Evolution dar, die unter sich ändernden biologischen Umweltbedingungen den Bestand der Art sichern kann. Diese evolutionäre Notwendigkeit genetischer Vielfalt ist, jenseits aller ethischen Überlegungen, ein schlagendes naturwissenschaftliches Argument gegen jeden Versuch gezielter Vereinheitlichung des menschlichen Genbestandes durch Eugenik.

Klar ist jedenfalls: Was genetisch sinnvoll ist, kann sich binnen kurzem verändern, und das Abnorme kann sich zur Norm entwickeln. Dieser ungesteuerten genetischen Drift war die Menschheit, wie alle Lebewesen, schon immer ausgesetzt; Evolution ist individuell grausam, aber kollektiv lebensnotwendig.

Der Wunsch nach gesunden Kindern: Behindert – nein danke?

„Hauptsache gesund" lautet die erste Antwort fast aller werdender Eltern auf die Frage, wie sie sich ihr Kind vorstellen. So selbstverständlich dieser Wunsch sein mag, so klar ist auch, dass er nicht immer erfüllt wird. Etwa jedes dreißigste Kind wird mit irgendeiner Form von Krankheit oder Behinderung geboren. Man kann diesen Schätzwert höher oder niedriger ansetzen – eben ganz nach der subjektiven Einschätzung, welche Auffälligkeit als ernsthaftes Problem angesehen wird.

So mag eine Lippenspalte viele Eltern an ihrem Kind zunächst erschrecken; in den meisten Fällen ist sie heute aber so gut operativ korrigierbar, dass sie die Lebensperspektiven des Kindes nicht wesentlich einschränken wird.

Aus dem intensiven Wunsch, die eigenen Kinder mögen gesund sein, hat sich parallel zu den Fortschritten der Medizin der früher übliche Fatalismus nach dem Motto „Der Herr hat's gegeben, der Herr hat's genommen" in eine mitunter geradezu neurotische Anspruchshaltung auf vorzeigbare und pflegeleichte Kinder gewandelt. Sicherlich spielt dabei der Trend zur Kleinstfamilie eine Rolle, in der Nachwuchs mehr denn je auch Ausdruck elterlicher Selbstverwirklichung sein soll und diese, so hat man den Eindruck, möglichst nicht durch anstrengende Eigenheiten einschränken soll. Ob ein Kind erfrischend lebhaft oder krankhaft hyperaktiv ist, hängt mitunter auch von der Sichtweise seiner Eltern ab.

Es hat sich die Vorstellung verbreitet, dass gesunde Eltern sich heutzutage darauf verlassen könnten, auch gesunde Kinder zu bekommen; verbleibende Zweifel ließen sich mit vorgeburtlichen Untersuchungen ausräumen. Schlimmer noch ist der notorische Umkehrschluss, wenn ein Kind behindert geboren werde, hätten seine Eltern wohl etwas falsch gemacht. All dies ist in mehrerlei Hinsicht ein Irrglaube.

Zunächst ist festzuhalten, dass die meisten Behinderungen, die einen Menschen treffen können, nicht erblich bedingt, sondern vor oder nach der Geburt erworben sind. Nur wenige davon – beispielsweise Hirnschädigungen durch Röteln oder Alkoholmissbrauch in der Schwangerschaft – wären tatsächlich vermeidbar, und selbst hier sind Schuldzuweisungen an die Mutter wohlfeil, aber wenig hilfreich.

Die gefährlichsten Stunden im Leben eines Menschen sind die seiner Geburt. Gerade in der Neugeborenenmedizin hat der Fortschritt seine Schattenseiten: Die erfreuliche Tatsache, dass heute Frühgeborene schon ab der 23. Schwangerschaftswoche überleben können, hat den Preis, dass nicht wenige dieser Kinder, auch wenn der Kampf um ihr Leben gewonnen wurde, bleibende Schäden davontragen. Auch nach der Geburt lauern unkalkulierbare Gefahren, von der Hirnhautentzündung bis zum Verkehrsunfall. Sicherheit, dass ein gesundes Kind auch gesund bleiben wird, kann es niemals geben.

Auch auf die Erbanlagen von Kindern bezogen ist der Glaube an die individuelle Machbarkeit von Gesundheit ebenso naiv wie die Vorstellung, sie durch eugenische Maßnahmen jemals auf der kollektiven Ebene erreichen zu können. Zwei Gründe sind dafür ausschlaggebend: zum einen die weite Verbreitung überdeckter Defektanlagen auch bei Gesunden, zum anderen die große Häufigkeit von Neumutationen in unseren Genen.

Bei rezessiven Erbleiden ist die Zahl der gesunden mischerbigen Anlageträger um ein Vielfaches höher als die der reinerbig Kranken[129]. Wie erwähnt, sind etwa 5 % der Mitteleuropäer Anlageträger für die Mukoviszidose, 2 % sind es für die im Säuglingsalter tödliche infantile spinale Muskelatrophie, und auch für jedes der extrem seltenen rezessiven Leiden, die nur eines unter einer Million Kindern treffen, gibt es in Deutschland rechnerisch über hunderttausend gesunde Anlageträger.

Angesichts der Tatsache, dass es mehrere tausend, meist sehr seltene, rezessive Erbleiden gibt, ist wohl jeder Mensch mit hoher Wahrscheinlichkeit mischerbiger Anlageträger für mehrere Erbkrankheiten, und die wenigsten von uns wissen davon.

Schon allein deshalb könnte negative Eugenik im Sinne des Ausschlusses aller Träger ungünstiger Erbanlagen von der Fortpflanzung niemals funktionieren; das wussten auch schon die „Erbhygieniker" am Beginn des zwanzigsten Jahrhunderts. Nachdem es allerdings bei einigen rezessiven Krankheiten möglich geworden ist, mit relativ geringem technischen Aufwand auch gesunde mischerbige Anlageträger an-

---

[129] Nach dem Hardy-Weinberg-Gesetz entspricht für seltene Merkmale, wie es die rezessiven Erbleiden sind, der Anteil der unauffälligen Mischerbigen an der Gesamtpopulation ungefähr dem Doppelten der Wurzel des Anteils der das Merkmal ausprägenden Reinerbigen. Für eine Krankheit, die mit einer Häufigkeit von 1/2500 beobachtet wird, liegt die Mischerbigenrate also bei etwa $(\sqrt{1/2500}) \times 2 = 1/25$. Bei einer seltenen Krankheit, die mit einer Häufigkeit von 1/40000 auftritt, sind immerhin noch 1 % der Gesamtbevölkerung mischerbig.

hand von Blutproben zu identifizieren, ist das sogenannte „genetische Bevölkerungsscreening" machbar geworden.

Dabei werden bei Paaren mit Kinderwunsch beide Partner auf Anlageträgerschaft für ein in der entsprechenden Population häufiges rezessives Erbleiden untersucht. Sind Mann und auch Frau mischerbig, beträgt das Erkrankungsrisiko für die entsprechende Krankheit bei jedem gemeinsamen Kind 25 %. Dann wird dem Paar angeboten, entweder in jeder Schwangerschaft eine vorgeburtliche Untersuchung mit der Option eines Schwangerschaftsabbruchs in Anspruch zu nehmen – oder sich zu trennen und neue Partner zu suchen. Solche Programme sind in Ländern wie Israel oder Zypern für bestimmte, regional häufige schwere rezessive Krankheiten bereits etabliert worden[130]. Tatsächlich sind die entsprechenden Leiden dort deutlich seltener geworden, ganz im Sinne der für die Behandlungskosten bei betroffenen Kindern aufkommenden Gesundheitssysteme. Dem steht aber die Beobachtung gegenüber, dass von Freiwilligkeit bei der Teilnahme an solchen Programmen kaum die Rede sein kann, sondern ein genetischer Persilschein praktisch zur Ehevoraussetzung wird. Die soziale Sprengkraft dieser „High-tech-Eugenik" wird bei uns, nach meiner Meinung zu Recht, als so groß angesehen, dass eine Einführung unvertretbar wäre.

Selbst wenn es wünschenswert und möglich wäre, die rezessiven Erbleiden in sozial verträglicher Weise in den Griff zu bekommen, gäbe es immer noch die viel häufigeren multifaktoriellen Krankheiten und Fehlbildungen. Ihre Ausprägung wird nach dem Muster der „Volkskrankheiten" durch ein unberechenbares Zusammenwirken genetischer Dispositions-

---

[130] Seit 1970 gibt es in Israel Screeningprogramme auf Anlageträgerschaft für das Tay-Sachs-Syndrom, eine im Kindesalter tödliche rezessive Stoffwechselstörung, seit 1973 auf Zypern für die Beta-Thalassämie, eine rezessive Störung der Bildung des Hämoglobins. Allein am Tay-Sachs-Screening haben bislang über 1,5 Millionen Menschen mit Kinderwunsch teilgenommen.

faktoren und erworbener Auslöser bestimmt. Zumeist treten solche Fehlbildungen in betroffenen Familien völlig überraschend auf und bleiben Einzelfälle. Nach der Geburt eines Kindes, beispielsweise mit einem Herzfehler oder einer Spaltbildung der Wirbelsäule, steht für weitere Geschwister nach Erfahrungswerten eine zumeist auf das Zehn- bis Fünfzigfache erhöhte Wiederholungswahrscheinlichkeit fest. Immerhin ist es möglich, das Risiko für das Auftreten bestimmter Störungen der Organentwicklung durch gezielte Vitamingaben zu verringern, aber auch hier bleibt es dabei: Eine Vollkaskoversicherung für ein gesundes Kind kann es nicht geben, und wen es trifft, der hat keinen Grund für Schuldgefühle.

Weiterhin kommt es über die bereits vorhandenen, überdeckten Defektanlagen hinaus in unserem Erbgut immer wieder zu Neumutationen. Bei den molekularen Kopiervorgängen der DNA im Verlauf der Keimzellbildung werden immer wieder einzelne Basenpaare falsch abgeschrieben, so dass sich am Ende jede Keimzelle in schätzungsweise hundert Einzelinformationen von den Körperzellen des Menschen unterscheidet, der sie gebildet hat. Findet eine solche Spontanmutation in einem für die Gesundheit relevanten Gen statt und stört sie seine Funktion, so kann ein Kind mit einer Erbkrankheit geboren oder durch eine Fehlgeburt verloren werden, obwohl beide Eltern keine Anlage für diese Krankheit tragen. In einer solchen Situation wäre es zwar technisch möglich, aber völlig sinnlos zu untersuchen, ob die Neumutation in der mütterlichen Eizelle oder der väterlichen Samenzelle entstanden ist.

Die Wahrscheinlichkeit, dass Mutationen auftreten, kann durch äußere Einflüsse wie Strahlen oder Chemikalien erhöht werden. Dennoch gibt es Mutationen nicht erst seit Hiroshima und Tschernobyl, sondern sie sind als molekulare Grundlage der Evolution so alt wie das Leben selbst: Derselbe Mechanismus, der manche Menschen als Erbkrankheit trifft, hat dafür gesorgt, dass es überhaupt Menschen gibt.

Noch ungenauer als beim Kopieren der DNA geht es beim Verteilen ihrer Trägerkörperchen, der Chromosomen zu. Die schon erwähnte erhöhte Wahrscheinlichkeit einer 35-jährigen Mutter, dass ihr neugeborenes Kind von einer Chromosomenfehlverteilung betroffen ist, ist das bekannteste Beispiel[131]. Etwa jedes siebenhundertste Kind wird mit einer Trisomie 21, also dem Down-Syndrom geboren; dies entspricht der Hälfte aller lebenden Kinder mit einer mikroskopisch erkennbaren Chromosomenanomalie. Das bedeutet aber nicht, dass das Chromosom 21 besonders anfällig für Fehlverteilungen in der Keimzellbindung wäre. Vielmehr gibt es Trisomien für alle Chromosomen, aber die weitaus meisten von ihnen führen zu einem so starken Ungleichgewicht in den Erbanlagen, dass es zu einer Fehlgeburt kommt. Die meisten dieser Fehlgeburten wiederum finden bereits vor der Einnistung am sechsten Tag der Fruchtentwicklung und damit so früh in der Schwangerschaft statt, dass sie von der Mutter meist gar nicht bemerkt werden. Man kann davon ausgehen, dass, von der befruchteten Eizelle aus betrachtet, wohl die Hälfte aller Schwangerschaften mit einer Fehlgeburt aufgrund einer Chromosomenfehlverteilung des werdenden Kindes endet.

Hinter so mancher Zyklusunregelmäßigkeit verbirgt sich also biologisch eine Schwangerschaft mit einer nicht überlebensfähigen kindlichen Chromosomenanomalie. Nicht wenige von denen, die beim Anblick eines behinderten Kindes denken oder gar aussprechen, „so etwas" müsse doch heutzutage nicht

---

[131] In den Empfehlungen für die ärztliche Schwangerschaftsvorsorge – und im öffentlichen Bewusstsein – wird ein mütterliches Alter von 35 Jahren als Schwelle zur routinemäßig durchgeführten Chromosomenuntersuchung aus Fruchtwasser angenommen. Grundlage dafür ist nicht etwa ein sprunghaftes Ansteigen von Chromosomenfehlverteilungen in diesem Alter, sondern das Komplikationsrisiko von Fruchtwasserpunktionen von etwa 0,5 %, das mit 35 Jahren zahlenmäßig so hoch ist wie die Häufigkeit kindlicher Chromosomenfehlverteilungen. Hier werden also in geradezu absurder Weise Fehlgeburten und behinderte Kinder miteinander verrechnet.

mehr sein[132], haben, ohne es zu wissen, selbst schon Kinder mit Chromosomenfehlverteilungen gezeugt und in der Frühschwangerschaft verloren.

Mehr noch: Nicht nur in den Keimzellen, sondern auch in den Körperzellen finden Chromosomenfehlverteilungen statt. Bei vielen Menschen mit Chromosomenanomalien tragen nicht alle Körperzellen das überzählige Chromosom, sondern nur ein Teil davon, und die restlichen haben einen unauffälligen Chromosomensatz. Es liegt ein sogenanntes chromosomales Mosaik vor, weil die Fehlverteilung nicht schon in der elterlichen Keimzelle, sondern in den ersten Zellteilungen *nach* der Befruchtung stattgefunden hat und nur an die Tochterzellen dieser Ursprungszelle innerhalb des Organismus weitergegeben wird. Je später in der Fruchtentwicklung ein solches Mosaik entsteht, desto geringer ist die Zahl der chromosomal auffälligen Zellen im Körper und davon abhängig auch die Ausprägung von Symptomen.

Nun bildet jeder Mensch in seinen Organen täglich mehrere Milliarden neuer Zellen, beispielsweise in Blut oder Darmschleimhaut, und unter ihnen befinden sich Millionen von Zellen mit fehlverteilten Chromosomen. Jeder von uns besitzt eine große Zahl von Körperzellen mit Trisomien der verschiedensten Chromosomen, darunter auch Chromosom 21. Überspitzt, aber biologisch korrekt formuliert hat folglich *jeder* Mensch ein Mosaik-Down-Syndrom.

Solche somatischen, also im Laufe des Lebens erworbenen, Chromosomenanomalien sind aber keineswegs nur eine biologische Kuriosität, sondern bestimmen das Schicksal etwa

---

[132] Nach einer von meiner eigenen Arbeitsgruppe 1997 durchgeführten Elternbefragung lautet der von Eltern eines Kindes mit Down-Syndrom am häufigsten aus ihrem Umfeld gehörte Vorwurf sinngemäß: „So ein Kind wäre heutzutage doch nicht mehr nötig, wozu gibt es vorgeburtliche Untersuchungen?" Abgesehen vom Zynismus dieser Aussage gegenüber dem Lebensrecht des Kindes wird dabei übersehen, dass die überwiegende Zahl der Kinder mit Chromosomenanomalien von Müttern aus der Altersgruppe unter 35 Jahren geboren wird, denen gar keine routinemäßige Fruchtwasseruntersuchung angeboten wird.

jedes dritten Menschen. So viele von uns erkranken nämlich im Laufe ihres Lebens an Krebs. Es hat sich gezeigt, dass in Krebszellen fast immer grobe Veränderungen der Zahl und des Aufbaus der Chromosomen vorliegen, durch die das natürliche Gleichgewicht zwischen Teilung und Abbau von Zellen gestört wurde, mit der Folge eines unkontrollierten, tumorösen Wachstums von Gewebe.

Auch für die Chromosomen gilt also, dass bei jedem Menschen Fehler auftreten können; wie sie sich ausprägen, wird rein zufällig dadurch bestimmt, welche Chromosomen zu welchem Zeitpunkt des Lebens in welchem Organ betroffen sind.

Es bleibt dabei: Krankheit und Behinderung sind, so hart sie den Einzelnen treffen mögen, Teil unseres Menschseins. Wir mögen für uns selbst und unsere Kinder Gesundheit wünschen, aber ein durchsetzbares Recht darauf – wem gegenüber denn auch? – kann es nicht geben. Schon gar nicht führt ein Königsweg zum gesunden Kind über vorgeburtliche Untersuchungen, egal ob durch „konventionelle" Pränataldiagnostik aus Fruchtwasser oder Chorionzotten oder durch Präimplantationsdiagnostik am Embryo im Rahmen einer eigens hierfür durchgeführten künstlichen Befruchtung.

Die philosophisch-ethische Bewertung des Umgangs mit vorgeburtlichem menschlichem Leben würde, so wichtig sie natürlich ist, über das Anliegen dieses Buches hinausgehen[133]. Aber schon aus den biologischen und medizinischen Fakten lassen sich einige Überlegungen herausdestillieren, die für das Pro und Contra pränataler und präimplantativer genetischer Diagnostik bedeutsam sind:

Erstens: Die Mehrzahl aller Krankheiten und Behinderungen sind überhaupt nicht genetisch bedingt; keine auch noch

---

[133] Eine umfassende Übersicht über die philosophischen und theologischen Argumentationslinien zum Lebensschutz findet sich in: Damschen G, Schönecker D (2003) Der moralische Status menschlicher Embryonen. De Gruyter, Berlin.

so ausgedehnte vorgeburtliche Diagnostik kann ein gesundes Kind garantieren.

Zweitens: Wenn eine Behinderung vor der Geburt festgestellt wird, kann sich aus diesem Wissen in aller Regel keine Therapie, sondern nur die Entscheidung über Leben oder Tod des werdenden Kindes ableiten[134].

Drittens: Jedes, auch ein erwartungsgemäß gesundes Kind unterscheidet sich in zahlreichen genetischen Eigenschaften von seinen Eltern. Auch ein noch so schwer geschädigtes Kind ist genauso zu hundert Prozent das Kind seiner Eltern wie jedes andere auch.

Viertens: Jeder Versuch, durch vorgeburtliche Untersuchungsprogramme den Bestand an Erbanlagen in der Bevölkerung zu verbessern, ist zum Scheitern verurteilt; Eugenik per Pränataldiagnostik kann biologisch nicht funktionieren.

Fünftens: Es ist nicht möglich, Lebensqualität objektiv zu messen; ob ein Leben lebenswert ist oder nicht, kann jeder Mensch nur für sich selbst beurteilen[135].

An diesem Punkt liegt der entscheidende Bruch in der Argumentation des, wie im ersten Kapitel beschrieben, zunächst

---

[134] Ethisch und praktisch bedeutsam ist dabei nicht die Frage, wann das menschliche Leben beginnt – dass dies mit der Verschmelzung der Kerne von Ei- und Samenzelle bei der Befruchtung geschieht, ist weithin unumstritten –, sondern ob überhaupt und, wenn ja, mit welcher Begründung und zu welchem Zeitpunkt der Schwangerschaft es getötet werden darf. Entwicklungsbiologisch relevant ist hier die Erkenntnis, dass etwa ab der zwölften Schwangerschaftswoche das Nervensystem eines werdenden Kindes soweit ausgereift ist, dass es vermutlich Schmerzen empfinden kann.

[135] Dieser Tatsache hat auch der deutsche Gesetzgeber Rechnung getragen, indem er 1995 bei der Reform des Abtreibungsrechts im neuen § 218 der Strafgesetzbuchs die frühere „embryopathische", häufig fälschlich als „eugenisch" benannte Indikation der zu erwartenden Schädigung des Kindes in der medizinischen Indikation aufgehen ließ. Rechtliches Kriterium ist dabei die subjektive Unzumutbarkeit des Weiterführens der Schwangerschaft für die ein geschädigtes Kind erwartende Mutter. Diese Änderung brachte aber fatale Begleiterscheinungen mit sich, nämlich die Aufhebung der Befristung und die fehlende Beratungspflicht von Schwangerschaftsabbrüchen aus medizinischer Indikation.

als Advokat von Tierrechten hervorgetretenen Peter Singer zum Schwangerschaftsabbruch und der von ihm damit als moralisch zulässig gleichgesetzten Tötung behinderter Neugeborener. Er setzt von ihm vermutete subjektive Einschränkungen von Lebens*qualität* durch Behinderung mit objektiver Minderung von Lebens*wert* behinderter Menschen gleich – und landet damit zielsicher beim Biologismus der Denkrichtung von Binding und Hoche.[136]

Dagegen lohnt es sich, die Haltungen von Menschen zu betrachten, die über die zu erwartende Lebensqualität ihrer Nachkommen aus eigener Erfahrung von Krankheit oder Behinderung nachdenken. Der eigene Zustand, mag er auch von anderen als abnorm angesehen werden, wird von vielen als individuelle Normalität akzeptiert; dementsprechend wird dieselbe Auffälligkeit auch an anderen Menschen eher toleriert als aus der Warte der nach landläufigem Verständnis Gesunden. So heiraten hörbehinderte oder kleinwüchsige Menschen sehr häufig untereinander; auch eine hohe Wiederholungswahrscheinlichkeit für eine erbliche Wachstumsstörung beeinflusst den Kinderwunsch gleichartig betroffener Eltern oft nicht. Die Möglichkeit der Pränataldiagnostik von dominant erblichen Behinderungen[137] wird von selbst betroffenen El-

---

[136] „Man mag immer noch einwenden, dass es unrecht sei, einen Fötus oder ein Neugeborenes (durch ein gesundes Kind) zu ersetzen, weil dadurch heute lebenden Behinderten suggeriert wird, ihr Leben sei weniger lebenswert als das Leben derer, die nicht behindert sind. Wer leugnet, dass dies im Durchschnitt gesehen so ist, verkennt die Realität." P. Singer, 1979. In: Praktische Ethik.
„Würden behinderte Neugeborene bis etwa eine Woche oder einen Monat nach der Geburt nicht als Wesen betrachtet, die ein Recht auf Leben haben, dann wären die Eltern in der Lage, in gemeinsamer Beratung mit dem Arzt und auf viel breiterer Wissensgrundlage in bezug auf den Gesundheitszustand des Kindes, als dies vor der Geburt möglich ist, ihre Entscheidung zu treffen." P. Singer, 1979, ebenda.
[137] Bei diesem Erbgang beträgt die Wahrscheinlichkeit, dass ein Kind das Merkmal vom betroffenen Elternteil erbt, rechnerisch 50 %. Der Ausprägungsgrad, beispielsweise das Resthörvermögen bei einer erblichen Hörstörung, kann allerdings wegen des Einflusses anderer Gene auch innerhalb derselben Familie sehr unterschiedlich sein.

tern oft abgelehnt mit der Begründung, ein Schwangerschaftsabbruch angesichts einer gleichartigen Behinderung des werdenden Kindes sei mit dem eigenen Anspruch gegenüber der Gesellschaft auf Toleranz nicht vereinbar.

Wie gegensätzlich die individuellen Sichtweisen einer genetischen Norm sein können, belegt am eindrucksvollsten eine Umfrage unter tauben Erwachsenen: Neben Befragten, die eine Pränataldiagnostik auf erbliche Taubheit grundsätzlich ablehnten, fanden sich auch solche, die sie als Grundlage für einen Schwangerschaftsabbruch bei einem erwartungsgemäß tauben Kind nutzen würden – und umgekehrt solche, die auf demselben Wege die Geburt eines *hörenden* Kindes vermeiden wollten[138]. Bereits in die Tat umgesetzt wurde der Wunsch nach einem tauben Kind durch eine Frau, die sich den Samenspender für künstliche Befruchtung gezielt nach seiner Anlageträgerschaft für erbliche Taubheit aussuchte – mit dem Ergebnis zweier tauber Wunschkinder.

Hier stoßen wir wohl an die Grenze des ethisch Tragbaren. So uneingeschränkt der Anspruch auf Akzeptanz einer Behinderung und so verständlich deren subjektive Definition als individueller Normalzustand auch sein mag: Hier wird nach ähnlichem Prinzip wie bei Peter Singer, nur eben in umgekehrter Richtung, über das Leben eines anderen Menschen nach Vermutungen über dessen Lebensqualität bestimmt.

Gute Gene, gute Kinder: Kommen die Designerbabies?

Vom elterlichen Wunsch nach Abwesenheit von Krankheiten bei ihren Kindern zum Streben nach der Anwesenheit bestimmter erwünschter Erbmerkmale ist es gedanklich kein

---

[138] Taubheit wird von vielen Betroffenen, z.B. der amerikanischen „Deaf Nation", als Kulturform und nicht als Behinderung verstanden: „Taube Aktivisten leben stolz in einer anderen, aber nicht in einer schlechteren Kultur (als die Hörenden). Eine Behandlung mag nahe sein – und einige werden sie nicht wollen." A. Solomon, 1994. In: Defiantly Deaf.

weiter Weg. Mit der Entdeckung der erwähnten Genvarianten, die mit möglicherweise erstrebenswerten Eigenschaften assoziiert sind, scheint die Möglichkeit des nach den Präferenzen der Eltern realisierten Wunschkindes nun kein reines Phantasiegebilde mehr zu sein. Dies um so mehr, als die Präimplantationsdiagnostik das Handwerkszeug für die Auswahl zwischen mehreren Embryonen desselben Elternpaares vor Beginn der Schwangerschaft im Mutterleib bieten könnte.

Beim genaueren Hinsehen hat aber das immer wieder mit warnend erhobenem Zeigefinger beschworene Szenario der blonden, blauäugigen, klugen, musikalischen „Designerbabies auf Bestellung" wohl keine Aussicht auf Realisierung, weil ihm simple biologische Gesetzmäßigkeiten entgegenstehen. Alle Persönlichkeitsmerkmale, die für Eltern von Interesse sein könnten, sind, wie zuvor beschrieben, durch das Zusammenwirken mehrerer Gene und äußerer Einflüsse bestimmt. Gäbe es *das* einzige Intelligenz- oder Sportlichkeitsgen, hätte es sich schon längst in der natürlichen Evolution durchgesetzt.

Schon vergleichsweise simple äußere Merkmale wie die in diesem Zusammenhang gerne angeführten blauen Augen und blonden Haare werden von einer Vielzahl von Genen bestimmt: Das postulierte „Blaue-Augen-Gen", nach dem sich unter Embryonen selektieren ließe, existiert überhaupt nicht. Um so mehr gilt das für biologisch und sozial hochkomplexe Eigenschaften wie Intelligenz.

Selbst wenn für ein erwünschtes Charakteristikum eines Kindes ein relevantes *master gene* bekannt wäre, wie etwa das beschriebene ACE-Gen für die Sportlichkeit, so könnte eine vorgeburtliche Selektion nach diesem Parameter allenfalls den statistischen Erwartungswert für die Erfüllung des elterlichen Traumes erhöhen, aber keinesfalls den Erfolg garantieren. Noch wichtiger: Die Erbanlagen des Menschen sind auf 24 verschiedene Chromosomen verteilt, die unabhängig voneinander vererbt werden[139]. Ehrgeizige Eltern müssten sich also sogar unter der – unrealistischen – theoretisch idealen Ausgangsbedingung von durch testbare Einzelgene bestimmten Wunscheigenschaften entscheiden, ob sie nach einem eher klugen *oder* eher sportlichen *oder* eher langlebigen Kind streben. Sie täten wohl besser daran, dem Zufall seinen Lauf zu lassen und aus dessen Ergebnis aus eigener erzieherischer Kraft das Beste zu machen, wie Eltern es schon immer taten.

Nicht einmal ein in irgendeiner Hinsicht geniales Elternteil hat, wie die Erfahrung zeigt, besonders gute Aussichten auf gleichermaßen begabte Kinder. Gäbe es seltene Genvarianten, die allein für eine bestimmte herausragende Fähigkeit prädestinieren würden, müsste es viel mehr geniale Geschwisterreihen oder Dynastien geben als wir sie aus der Geschichte kennen. Ausnahmefälle wie die Nachkommen Johann Sebastian Bachs oder die als „Schachgenies" bekannt gewordenen Polgar-Schwestern lassen eher auf die Macht der Erziehung schließen als auf die der Gene.

Die Nagelprobe auf die Erblichkeit von Persönlichkeitsmerkmalen, im Guten wie im Schlechten, müssten eineiige Zwillinge liefern – auch hier ist die Historie arm an eindrucksvollen Beispielen. Dementsprechend würde es, über die ethische Verwerflichkeit und die wohl unüberwindlichen medizinischen Hindernisse hinaus, auch wenig Sinn machen, Genies oder Menschen mit bestimmten sonstwie erwünschten Eigenschaften zu klonen[140].

---

[139] Hierzu ein Rechenbeispiel: Nehmen wir an, eine komplexe Eigenschaft wie Musikalität würde durch fünf nicht miteinander gekoppelte Hauptgene wesentlich mitbestimmt, deren günstigste Variante jeweils in einem Viertel der Bevölkerung vorkäme. Dann betrüge die Wahrscheinlichkeit, dass ein Kind die Idealkombination besäße, $(1/4)^5 = 1/1024$. Sie wäre auch nur möglich, wenn überhaupt bei beiden Eltern alle günstigen Genvarianten vertreten wären.

[140] Siehe Kap. 3, S. 104.

Ob in der Zukunft staatlich gelenkte positive Eugenik, mit oder ohne Klonen, tatsächlich ein Tabu bleiben wird, muss sich noch zeigen. Zweifellos hat die Überlegung, was wohl Himmlers „Lebensborn" mit der Kenntnis von Aggressivitätsgenen oder das DDR-Sportministerium mit Sportlichkeitsgenen angefangen hätte, etwas Erschreckendes. Totalitären Phantasien von genetischer Gleichschaltung steht beruhigenderweise aber der von keiner Technologie überwindbare Faktor Zeit entgegen. Auch ein genetisch ideal entworfener menschlicher Kampfroboter, wenn es ihn denn geben könnte, bräuchte zwanzig Jahre, um „verwendbar" zu werden. Welcher Diktator hätte soviel Geduld?

Der Weg zur Entmündigung des Menschen führt nicht über Eingriffe in das Erbgut, sondern viel schneller und einfacher über die kollektive Verblödung durch Hassparolen per Massenmedien – Goebbels und Bin Laden haben es vorgemacht.

Altern und Tod: Endstation Unsterblichkeit?

Jeder will es werden, keiner will es sein – alt.

Schon der Volksmund weist darauf hin, dass ein langes Leben auch seinen Preis in Form altersbedingter Beschwerden und Krankheiten hat. Hier liegt das Kernproblem der Altersmedizin: Das durchaus erfolgreiche Bemühen, die menschliche Lebenserwartung hochzuschrauben, hat schwerwiegende Nebenwirkungen auf die Lebensumstände derer, die davon profitieren. Nicht umsonst ist mit der Geriatrie ein ganzer Zweig der Medizin neu entstanden, der vor Jahrhunderten noch undenkbar gewesen wäre.

Gleichzeitig hat in der Gesellschaft auch die Erwartungshaltung zugenommen, ein langes und erfülltes Leben führen zu können. Gesund und aktiv alt zu werden wird nicht mehr als Gnade, sondern als Anspruch wahrgenommen, und dies nicht erst in jüngster Zeit: Der Soziologe Max Weber beklagte schon 1918 die Sinnlosigkeit des Todes für den Menschen in der Zivilisation, der vom Leben nicht mehr genug bekommen könne[141].

Seit 1840 ist in Europa die durchschnittliche Lebenserwartung jedes Jahr um fast drei Monate angestiegen, und diese Entwicklung dauert an. Ein neugeborenes Kind kann heute auf ein gut doppelt so langes Leben hoffen wie damals. Es muss aber damit rechnen, während dieses Lebens mit alters-assoziierten Krankheiten konfrontiert zu werden, die es früher praktisch nicht gab.

Als der Neurologe Alois Alzheimer 1907 „eine eigenartige Krankheit der Hirnrinde" beschrieb, waren er und seine Zeit-genossen überzeugt, es mit einer medizinischen Rarität zu tun zu haben. Sie irrten grandios: Die Ablagerungen des Pro-teins Beta-Amyloid, die bei Alzheimer-Patienten zum geisti-gen Abbau führen, finden sich mit zunehmendem Alter in den Nervenzellen jedes Menschen, und das Gen für seine Vor-stufe, das Amyloid-Precursor-Protein (APP), gehört zu unse-rem normalen Erbgut. Wie schnell sich im Laufe des Lebens die Ablagerungen bilden, wird allerdings von Varianten ver-schiedener Gene beeinflusst, beispielsweise durch die Apoli-poproteine im Fettstoffwechsel. Sehr selten führen Mutatio-nen in Genen, die für den Abbau von APP verantwortlich sind, zu einer, dann erblichen, Alzheimer-Krankheit, die schon im jungen Erwachsenenalter ausbricht. Jedenfalls: Je äl-

---

[141] „Abraham oder irgendein Bauer der alten Zeit starb ‚alt und lebensge-sättigt', weil er im organischen Kreislauf des Lebens stand, weil sein Le-ben auch seinem Sinn nach ihm am Abend seiner Tage gebracht hatte, was es bieten konnte, weil für ihn keine Rätsel, die er zu lösen wünschte, übrig blieben, und er deshalb ‚genug' daran haben konnte. Ein Kultur-mensch aber, hineingestellt in die fortwährende Anreicherung der Zivili-sation mit Gedanken, Wissen, Problemen, der kann ‚lebensmüde' werden, aber nicht: lebensgesättigt. Denn er erhascht von dem, was das Leben des Geistes stets neu gebiert, ja nur den winzigsten Teil, und immer nur etwas Vorläufiges, nichts Endgültiges, und deshalb ist der Tod für ihn eine sinn-lose Begebenheit." M. Weber, 1918. In: Wissenschaft als Beruf.

ter ein Mensch wird, desto höher wird die Wahrscheinlichkeit für eine Altersdemenz vom Alzheimer-Typ; wahrscheinlich würde jeden Menschen, wenn er nur alt genug wäre, „sein" Alzheimer einholen. So gesehen ist die Grenze zwischen Krankheit und altersgemäßem normalem Lebensprozess fließend.

Ähnlich ist es bei vielen anderen Abnutzungserscheinungen des alternden Organismus, von der Arteriosklerose bis zum Gelenkverschleiß. Wir können ihr Eintreten bis zu einem gewissen Grad hinausschieben, nicht zuletzt durch unser eigenes Verhalten, aber letztlich nicht verhindern. Wer übergewichtig ist, bekommt seine Hüftarthrose früher, aber auch wer schlank und sportlich ist, kann ihr am Ende nicht entgehen.

Offenbar sind unsere Organe konstruktiv nur auf eine Lebensdauer von etwa sechzig bis hundert Jahren ausgelegt; das langsame Nachlassen ihrer Funktion erleben wir als Altern, ihren Totalausfall als Tod, und ein vorzeitiger Defekt in einem bestimmten System stellt sich als Krankheit dar.

Auch in den übergreifenden Steuerungsfunktionen unseres Organismus gibt es Altersbeschränkungen. So befinden sich an den Enden unserer Chromosomen die Telomere, sich vielfach tandemartig wiederholende kurze, inhaltsleere DNA-Abschnitte. Ihre Aufgabe ist es, als „Pufferzone" die im Inneren der Chromosomen gelegenen funktionell wichtigen Gene vor dem Angriff der in jeder Zelle befindlichen DNA-abbauenden Enzyme zu schützen. Werden die Telomere mit der Zeit abgebaut, verlieren schließlich die Gene ihren Schutz vor der Selbstverdauung durch die Zelle. Dies scheint ein zentraler Mechanismus der Zellalterung zu sein, eine Art innerer Uhr, die unsere maximale Lebensspanne vorgibt. Tatsächlich findet sich bei Untersuchungen der Telomere in Blutzellen sechzigjähriger Probanden ein Zusammenhang zwischen verbleibender Telomerlänge und weiterer Lebenserwartung.

Für solche übergeordneten Steuerungsmechanismen ist wohl eine ganze Gruppe von „Alterungsgenen" verantwortlich, nach denen die Altersforscher fieberhaft suchen[142]. Das von diesen Genen vorgegebene Altersmaximum scheint bei etwa hundertfünfundzwanzig Jahren zu liegen; es gibt zwar immer mehr Hochbetagte, die sich dieser Grenze annähern, aber in glaubwürdig dokumentierter Weise wesentlich überschritten hat sie noch niemand.

Grundsätzlich scheint aber unser Organismus die Fähigkeit zu besitzen, die innere Uhr zu verlangsamen oder gar wieder aufzuziehen, beispielsweise mit Hilfe von Enzymen, den Telomerasen, die Telomere der Chromosomen wieder aufzubauen. Die eine Frage dazu lautet: Warum tun wir es nicht von Natur aus? Die andere: Sollen wir es künstlich tun, wenn wir einmal das Wissen dafür besitzen?

Hier stoßen wir auf die fast philosophische Grundüberlegung der Altersforschung, ob Altern einen gezielten Plan oder lediglich eine konstruktive Schwäche der Natur widerspiegelt.

Evolutionsbiologisch gilt für das Altern wie für jeden Lebensprozess, dass man es nur dann als sinnvollen Bestandteil unseres genetischen Programms betrachten könnte, wenn es unabhängig vom Wohlergehen des Individuums den Bestand der Art begünstigen würde. Die nächstliegende und verbreitetste These dazu geht davon aus, dass durch Altern und Tod innerartliche Konkurrenz um knappe Nahrungsressourcen zu Gunsten der jungen Artgenossen vermieden werden solle. Tatsächlich sind in verschiedenen Spezies, vom Fadenwurm bis zur Maus, zwar Mutationen in „Alterungsgenen" bekannt, die ihren Trägern eine deutlich verlängerte individuelle Lebenserwartung verschaffen. Diese scheinen aber für die Art im Ganzen keinen Selektionsvorteil zu bedeuten, sonst

---

[142] Ein extrem seltener Defekt in einem solchen Steuerungsgen ist die Ursache der Progerie (Hutchinson-Gilford-Syndrom). Bei dieser Krankheit laufen Alterungsprozesse in allen Organsystemen extrem beschleunigt ab, so dass betroffene Menschen schon im Kindesalter typische Alterskrankheiten wie Arteriosklerose entwickeln und meist im Alter von zehn bis fünfzehn Jahren versterben.

hätten sie sich längst in der Population durchgesetzt. Die Natur nutzt also offenbar nicht ihr Potential zur Lebensverlängerung.

Andererseits: Dass eine kurze Lebensspanne des Einzelnen dem Überleben der Art dient, mag auf Lebewesen zutreffen, die keine oder nur kurzfristige Brutpflege betreiben. Im menschlichen Sozialverband jedoch, dessen Überlebenschancen wesentlich auch von der Weitergabe von Lebenserfahrung abhängen, liegen die Dinge nicht so einfach. Insekten mögen ihrer Population dienen, wenn sie kurz nach der Fortpflanzung sterben; für Menschen wäre das fatal. In der Tat fällt auf, dass trotz ihrer sehr engen Verwandtschaft zu den anderen Primaten die Lebenserwartung von Menschen deutlich höher ist als die von Schimpansen oder Gorillas, die weniger stark auf dauerndes Lernen an der Erfahrung Anderer angewiesen sind.

Die Frage, ob Altern ein Konzept oder ein Defekt der Natur ist, wird sich letztlich nicht beantworten lassen. Klar ist jedoch, dass sich, ähnlich anderen Formen von Menschenverachtung, auch die zunehmende Verdrängung alter Menschen aus dem gesellschaftlichen Leben nicht durch biologistische Parolen rechtfertigen lässt.

Im Übrigen ist wohl keine Form von Diskriminierung so kurzsichtig wie die der Senioren: Diejenigen, die heute an Renten und Gesundheitsleistungen im Alter sparen wollen, haben zugleich das größte Interesse daran, irgendwann selbst zu genau dieser Gruppe der Gesellschaft zu gehören.

Auf einer ganz anderen Ebene liegt die Frage, ob es ein sinnvolles Ziel von Forschung sein kann, Alterungsgene zunächst zu entschlüsseln und dann gezielt außer Kraft zu setzen. Die Versuchung, das zu tun, ist zweifellos groß, der Traum vom Jungbrunnen ist wohl so alt wie die Menschheit.

Stellen wir uns vor, es würde tatsächlich eine Genvariante gefunden werden, die den biologischen Zeittakt des Alterns verlangsamen und das maximal erreichbare Alter auf, sagen wir, biblische zweihundert Jahre erhöhen würde. Ihre Entdecker selbst hätten wahrscheinlich wenig davon, denn nach allem, was wir wissen, könnte es sich dabei nur um einen grundlegenden genetischen Steuerungsmechanismus handeln, der allenfalls durch Keimbahnmanipulation für kommende Generationen umprogrammiert werden könnte – unvorhersehbare Nebenwirkungen inbegriffen.

Selbst wenn es möglich wäre, durch irgendeine *Therapie* unsere biologische Uhr anzuhalten, würde man damit wenig gewinnen, denn die Abnutzungsvorgänge der einzelnen Organe würden unvermindert weiterlaufen. Wer wollte, selbst wenn er es könnte, wirklich hundertfünfzig Jahre alt werden, dabei aber durch seine normale Organalterung ertaubt, erblindet, gelähmt und dement? Wir sollten es lieber dabei belassen, innerhalb des uns natürlich gegebenen Zeitrahmens die noch längst nicht ausgeschöpften Möglichkeiten zu nutzen, unser Leben so produktiv und angenehm zu gestalten wie möglich.

Im Übrigen beginnen wir schon heute für die maßvolle Zunahme unserer Lebenserwartung den sozialen Preis zu zahlen, indem wir uns auf eine längere Lebensarbeitszeit einstellen müssten. In einer Gesellschaft mit einer durchschnittlichen Lebenserwartung von hundertzwanzig Jahren könnten wir wohl erst mit neunzig in Rente gehen; ist das erstrebenswert?

Langer Rede kurzer Sinn: Es kommt weniger darauf an, *wie alt* wir werden, als *wie wir alt* werden.

Dafür bedarf es auch keiner Genmanipulationen, sondern – eigentlich weiß es jeder – wir können bei unserer Lebensführung anfangen. Von Mäusen und vielen anderen Tierarten ist bekannt, dass eine etwa um ein Drittel verminderte Kalorienzufuhr die durchschnittliche Lebenserwartung erhöht. Die japanische Insel Okinawa ist die Region mit der weltweit höchsten Rate an Hundertjährigen. Sie unterscheiden sich nicht in ihren grundlegenden Ernährungsgewohnheiten von anderen Japanern, sondern lediglich durch ihre niedrigere durchschnittliche Nahrungsmenge: Der Weg zum gesunden langen Leben führt über Diät.

Die dümmste aller denkbaren Ideen zur Lebensverlängerung ist schließlich die naive Vorstellung mancher Menschen, durch identische genetische Reproduktion, sprich Klonen, ihre Existenz perpetuieren zu können. Die schlagkräftigen ethischen und medizinischen Argumente gegen das reproduktive Klonen sind ja bereits zur Sprache gekommen. Das gedankliche Missverständnis liegt bei manchen anscheinend im Irrglauben, dass eine genetisch identische Kopie eines Lebewesens auch dasselbe Individuum sei. Das ist natürlich barer Unsinn; ein geklonter Mensch wäre – wenn er wider Erwarten überhaupt annähernd gesund geboren werden könnte – nichts als ein zeitversetzter eineiiger Zwilling des Zellspenders. Genau wie ein Zwillingspaar nicht eine einzige Person ist, könnte ein geklonter Mensch nicht das Sein eines anderen fortsetzen.

Im Gegenteil: Auch denjenigen, denen der Gedanke einer identischen genetischen Kopie ihrer selbst reizvoll erscheint, sollte eigentlich klarzumachen sein, dass die eigene Vergänglichkeit durch einen um Jahrzehnte jüngeren eineiigen Zwilling nicht aufgehoben, sondern im Gegenteil nur um so schmerzlicher erfahrbar würde.

Letzten Endes führt nichts an der Erkenntnis vorbei, dass die biologisch bestimmte Endlichkeit des menschlichen Daseins zwar schmerzlich, aber unvermeidlich und sinnvoll ist[143]. Nicht zuletzt gäbe es ohne die Tatsache, dass wir sterben müssen, kein Nachdenken darüber, was danach folgt, und wohl keine Religion in der Weise, wie wir sie kennen.

---

[143] „Wenn wir den Tod abschaffen, müssen wir auch die Fortpflanzung abschaffen, denn die letztere ist des Lebens Antwort auf den ersteren, und so hätten wir eine Welt von Alter ohne Jugend, und von schon bekannten Individuen ohne die Überraschung solcher, die nie zuvor waren." H. Jonas, 1979. In: Das Prinzip Verantwortung.

Kehren wir nun zu unserer eingangs gestellten Frage zurück, ob wir angesichts des neuen Wissens aus Biologie und Genetik ein neues Menschenbild entwerfen müssen, um für die Zukunft gerüstet zu sein. Wir sind dabei davon ausgegangen, dass ein solches neues Selbstverständnis nur dann nötig wäre, wenn uns die Naturwissenschaften *moralisch bedeutsame* neue Einsichten über uns selbst gebracht hätten.

Ist dies der Fall? Ich meine, die Antwort lautet eindeutig nein.

Die neuen Erkenntnisse über unseren Status als Spezies in der belebten Natur und über unsere Ähnlichkeiten und Unterschiede als Menschen untereinander widersprechen in keiner Weise den intuitiven Vorstellungen von Richtigem und Falschem, die uns aus Religion und Philosophie zugewachsen sind.

Fassen wir die Lehren der modernen Biologie in einigen kurzen Sätzen zusammen, so wird klar, dass sie unsere kulturübergreifenden Auffassungen von Respekt vor dem Leben, Menschenwürde und Verantwortung für die Zukunft nicht erschüttern, sondern vielmehr untermauern:

1. Der Mensch ist zwar die bei weitem mächtigste Spezies von allen; er ist aber mit anderen Lebewesen eng verwandt und schadet sich durch Missachtung ihrer Lebensinteressen selbst.

2. Die Menschheit ist wie jede andere Spezies den Gesetzen der Evolution unterworfen; diese zu missachten führt zur Selbstzerstörung.

3. Die Menschenwürde ist unabhängig von genetischen Eigenschaften, gleich welcher Art; keine Form von Verachtung oder Unterdrückung anderer Menschen lässt sich biologisch begründen.

4. Männer und Frauen sind sich genetisch sehr ähnlich. Die zwischen ihnen bestehenden Unterschiede sind biologisch sinnvoll und rechtfertigen keine sozialen Rangordnungen.

5. Niemand ist genetisch perfekt. Jeder Mensch trägt zahlreiche Anlagen für genetische Erkrankungen, und fast jeder wird irgendwann von einer genetisch mitbedingten Krankheit betroffen sein.

6. Jeder Mensch muss damit rechnen, genetisch kranke Nachkommen zu haben. Erwünschte Eigenschaften des Nachwuchses können nicht durch Genmanipulationen gefördert werden, sondern nur durch Erziehung.

7. „Gute" oder „schlechte" Gene gibt es nicht; welche genetischen Eigenschaften individuell als günstig oder ungünstig gelten, ist den sich stetig ändernden äußeren Bedingungen unterworfen.

8. Eugenik als kollektive Erzeugung von „Erbgesundheit" kann nicht funktionieren, weil es dafür weder sinnvolle Ziele noch taugliche Mittel gibt.

9. Nicht genetische Gleichheit aller Menschen, sondern im Gegenteil eine möglichst große Vielfalt an genetischen Varianten sichert den Fortbestand der Menschheit.

10. Alter und Tod sind notwendige Bestandteile des Lebens; Unsterblichkeit ist weder individuell erreichbar noch gesellschaftlich wünschenswert.

Kurzum: Wissenschaftliche Erkenntnisse können uns nicht nur Möglichkeiten dafür verschaffen, von der Natur gesetzte Grenzen zu überschreiten, sondern auch Argumente dafür, eben diese Grenzen zu respektieren. Auf die Biologie unseres Menschseins bezogen kann dieser Respekt nur auf der Einsicht gründen, dass es gut ist, dass wir so sind, wie wir sind, in all unserer Verschiedenheit und Imperfektion.

Sobald wir uns bewusst werden, dass jeder Mensch in irgendeiner Hinsicht zu einer biologischen Minderheit gehört, macht es keinen Sinn mehr, andere wegen ihres Andersseins zu diskriminieren. Wer weiß, dass er genetisch genauso unvollkommen ist wie jeder andere Mensch auch, wird vielleicht nicht mehr mit Fingern auf diejenigen zeigen, deren Defekte lediglich besser sichtbar sind als die eigenen.

Künstliche Intelligenz – künstliche Menschenwürde?

Auch wenn sich die Menschheit tatsächlich darauf verständigen könnte, dass es keine Form von Intoleranz gegenüber irgendeiner Form menschlichen Andersseins geben darf, so wäre das vielleicht immer noch nicht des Ethos letzter Schluss.

In allen bisherigen Überlegungen sind wir davon ausgegangen, dass Würde und, davon abgeleitet, Rechte grundsätzlich nur Wesen zukommen können, die der belebten Natur entstammen. Können wir wirklich sicher sein, dass es dabei bleiben wird, oder werden wir uns eines Tages Produkten einer technologischen Entwicklung gegenübersehen, denen wir einen höheren moralischen Status zugestehen müssen als einem bloßen Blechhaufen?

Bis vor wenigen Jahren war es ein unbestrittenes Dogma, dass Computer zwar sehr schnell rechnen, aber niemals denken könnten. Es war unvorstellbar, dass Rechenmaschinen, diesseits religiöser Kategorien wie Beseelung, jemals auch nur annähernd so komplexe Funktionsabläufe beherrschen würden wie das primitivste natürliche, geschweige denn ein menschliches Gehirn.

Aber schon im Jahre 1950 hat Alan Turing[144] erstmals die Möglichkeit von Intelligenz bei Computern diskutiert und

---

[144] Turings eigene Biographie ist ein bedrückendes Beispiel gesellschaftlicher Intoleranz: Nach einer steilen Karriere als Mathematiker und Kriegsheld – er entzifferte den deutschen „Enigma"-Militärcode – wurde er wegen seiner Homosexualität zu einer Zwangstherapie mit Östrogenen verurteilt, während derer er sich mit 41 Jahren das Leben nahm.

den nach ihm benannten Test beschrieben: Ein Computer sei dann als intelligent zu bezeichnen, wenn es einem menschlichen Gegenüber, der mit ihm nur schriftlich kommuniziert, nicht gelinge zu entscheiden, ob er es mit einem Menschen oder einer Maschine zu tun hat.

Der erste bestandene Turing-Test scheint nicht mehr fern zu sein: Neueste Entwicklungen von Hardware, wie die vor der Realisierung stehenden ersten Quantencomputer, und von Software mit humanen Denkstrukturen nachgebildeter „künstlicher Intelligenz" lassen für eine vielleicht gar nicht so ferne Zukunft Computer denkbar erscheinen, die auch nach intuitiven menschlichen Kriterien zu eigenständigen intellektuellen Leistungen, vielleicht sogar zu Kreativität fähig sind.

Spätestens wenn – wir wissen nicht, ob dies je eintreten wird, aber es schadet nicht, es sich vorzustellen – Computer gar *fühlen* und *leiden* könnten, müssten wir ihnen wohl eine „Maschinenwürde", vielleicht sogar eine Speziesanalogie zugestehen[145]. Dies wäre schon deshalb weise, weil es von der (hypothetischen) Denkfähigkeit von Robotern bis zu ihrer (noch hypothetischeren) Fähigkeit zur Selbstreproduktion nur ein kleiner Schritt wäre. Die Geschwindigkeit einer sich so verselbständigenden technologischen Evolution entzieht sich wohl jeder sinnvollen Einschätzung. Am Ende dieses Gedankenexperimentes lässt sich aber doch ein Szenario ausmalen, in dem sich die Fähigkeiten von uns Menschen als unterlegen erweisen und wir für uns selbst den Schutz speziesübergreifender ethischer Normen reklamieren müssten.

---

[145] „Viele Leute finden die Vorstellung, Roboter könnten irgendwann als moralisch gleichwertig betrachtet werden, erschreckend …. Ich glaube, der wahre Grund für diese Haltung ist, dass wir etwas Besonderes, Einzigartiges bleiben wollen und uns davor fürchten, etwas von unserem Menschsein aufzugeben, wenn wir eingestehen, dass auch Maschinen diese Eigenschaft besitzen könnten." Rodney Brooks, Massachusetts Institute of Technology: Die Roboter kommen. WELT 31.1.2001.

Literatur

Agassiz L (1846) The Plan of the Creation, especially in the Animal Kingdom. Lecture at the Lowell Institute.

Aitken RJ, Graves JAM (2002) The future of sex. Nature 415: 963.

Al-Abdulkareem AA, Ballal SG (1998) Consanguineous marriage in an urban area of Saudi Arabia: rates and adverse health effects on the offspring. J Community Health 23: 75–83.

Alzheimer A (1907) Eine eigenartige Krankheit der Hirnrinde. Allg Zeitschr Psych Ger Med, Bd. 64. Relmer, Berlin.

American Anthropological Association (1994) Statement on „Race" and Intelligence.

Anders A, Anders F (1978) Etiology of cancer as studied in the platy-fish-swordtail system Biochim Biophys Acta 516: 61–65.

Arcos-Burgos M, Muenke M (2002) Genetics of population isolates. Clin Genet 61: 233–247.

Bach FH, Fishman JA, Daniels N (1998) Uncertainty in xenotransplantation: individual benefit versus collective risk. Nature Med 4: 141–144.

Bagemihl B (1999) Biological exuberance. Animal homosexuality an biological diversity. St. Martin Press. New York.

Bartke A, Wright JC, Mattison JA, et al. (2001) Extending the lifespan of long-lived mice. Nature 414: 412.

Bauer KS, Dixon SC, Figg WD (1998) Inhibition of angiogenesis by thalidomide requires metabolic activation, which is species-dependent Biochem Pharmacol 55: 1827–34.

Bearn AG (1993) Archibald Garrod and the individuality of man. Clarendon Press, Oxford.

Berenbaum S A, Hines M (1992). Early androgens are related to childhood sex-typed toy preferences. Psychol Sci 3: 203–206.

Binding K, Hoche A (1922) Die Freigabe der Vernichtung lebensunwerten Lebens. Ihr Maß und ihre Form, 2. Aufl. Leipzig.

Branda RF, Eaton JW (1978) Skin color and nutrient photolysis: an evolutionary hypothesis. Science 201: 625–626.

Braun-Quentin C, Bathke D, Pfeiffer RA (1996) Das Sjögren-Larsson-Syndrom in Deutschland: Zufall oder eine Folge des Dreißigjährigen Krieges? Dt Ärztebl 93: A1330-A1335.

Bridges JW, Bridges O (2001) Hormones as growth promoters: the precautionary principle or a political risk assessment? In: European Environmental Agency: Environmental issue report No. 22, pp. 149–156.

Broberg G, Roll-Hansen N (1996), Eugenics and the welfare state. Sterilization policy in Denmark, Sweden, Norway, and Finland. Michigan State University Press, Detroit.

Brosius J, Kreitman JM (2000) Eugenics – evolutionary nonsense? Nature Genet 25: 253.

Brown K (2002) Tangled roots? Genetics meets genealogy. Science 295: 1634–1635.

Bummel J (1999) Zeugung und pränatale Entwicklung des Menschen nach Schriften mittelalterlicher muslimischer Religionsgelehrter über die „Medizin des Propheten". Dissertation, Philosophische Fakultät Hamburg.

Bundesärztekammer (2000) Diskussionsentwurf zu einer Richtlinie zur Präimplantationsdiagnostik. Dt Ärztebl 97: B-461-B-464.

Carlsen E, Giwercman A, Keiding N (1992) Evidence for decreasing quality of semen during past 50 years. BMJ 305: 609–613.

Caspi A, Sugden K, Moffitt Te et al. (2003) Influence of life stress on depression: moderation by a ploymorphism in the 5-HTT gene. Science 301: 291–293.

Cassidy SB, Dykens E, Williams CA (2000) Prader-Willi and Angelman syndromes: sister imprinted disorders. Am J Med Genet 97: 136–146.

Cattell RB (1940). A culture free intelligence test. J Educat Psychol 31: 161–169.

Cavalli-Sforza LL (1998) The DNA revolution and population genetics. Trends Genet 14: 60–65.

Cawthon RM, Smith KR, O'Brien E (2003) Association between telomere length in blood and mortality in people aged 60 years or older. Lancet 361: 393–395.

Chamberlain HS (1915) Arische Weltanschauung. Vorwort zur 3. Auflage.

Christiansen K (2001) Hormones and sport: Behavioural effects of androgens in men and women. J Endocrinol 170: 39–48.

Chugani HT (1998) Biological basis of emotions: brain systsms and brain development. Pediatrics 102: 1225–1229.

Cohen C (1986) The case for biomedical experimentation. New Engl J Med 315: 865–870.

Cole M (1999) Culture-free versus culture-based measures of cognition. In: Sternberg RJ (Ed.) The nature of cognition. MIT Press, Cambridge MA.

Conlon I, Raff M (1999) Size control in animal development. Cell 96: 235–244.

Cooke GS, Hill AVS (2001) Genetics of susceptibility to human infectious disease. Nature Rev Genet 2: 967–977.

Cram DS, Ma K, Bhasin S et al. (2000) Y chromosome analysis of infertile men and their sons conceived through intracytoplasmic sperm injection: vertical transmission of deletions and rarity of de novo deletions. Fertil Steril 74: 909–915.

Crow YJ, Tolmie JL (1998) Recurrence risks in mental retardation. J Med Genet 35: 177–182.

Cruciani F, Santolamazza P, Shen P et al. (2002) A back migration from Asia to Sub-Saharan Africa is supported by high-resolution analysis of human Y-chromosome haplotypes. Am J Hum Genet 70: 1197–1214.

Dalton R (2002) Palaeoanthropology: Face to face with our past. Nature 420: 735–736.

Damm R (1999) Recht auf Nichtwissen? Patientenautonomie in der prädiktiven Medizin. Universitas 1999: 433–447.

Darwin C (1859) On the Origin of Species by Means of Natural Selection: or the Preservation of Favoured Races in the Struggle for Life.

Darwin C (1871) The Descent of Man, and selection related to sex.

Davis-Kimball J, Behan M (2002) Warrior women. An archaeologists's search for history's hidden heroines. Warner Books. New York

Dawkins R (1976) The selfish gene, Oxford University Press.

De Braekeleer M, Ferec C (1996) Mutations in the cystic fibrosis gene in men with congenital bilateral absence of the vas deferens. Mol Hum Reprod 2: 669–677.

de Gobineau A (1853) Essai sur l'inégalité des races humaines.

Decker J, Beck M (2001) Hochschulstandort Deutschland. Statistisches Bundesamt.

Dodson MK, Cliby WA, Keeney GL et al. (1994) Skene's gland adenocarcinoma with increased serum level of prostate-specific antigen. Gynecol Oncol 55: 304–307.

Down JLH (1866) Observations on an Ethnic Classification of Idiots. London Hosp Rep 3: 259–262.

Drinck B (1999) Mythen vom Vater als Erzeuger. In: Drinck B (Hrsg.) Vaterbilder. Bouvier, Bonn, S. 59–81.

Eals M, Silverman I (1994) The hunter-gatherer theory of spatial sex differences: proximate factors mediating the female advantage in recall of object arrays. Ethol Sociobiol 15: 95–105.

Ellegren H (2002) Human mutation – blame (mostly) men. Nature Genet 31: 9–10.

Elwood JM, Koh HK (1994) Etiology, epidemiology, risk factors, and public health issues of melanoma. Curr Opin Oncol 6: 179–187.

Enard W, Przeworski M, Fisher SE et al. (2002) Molecular evolution of FOXP2, a gene involved in speech and language. Nature 418: 869–872.

Enattah NS, Sahi T, Savilahti E et al. (2002) Identification of a variant associated with adult-type hypolactasia. Nature Genet 30: 233–237.

Enquêtekommission „Chancen und Risiken der Gentechnologie" des Deutschen Bundestages: Abschlussbericht. BT-Drucksache 10/6775.

Entine J (1999) Taboo: Why Black Athletes Dominate Sports and Why We're Afraid to Talk about It. Public Affairs LLC.

Eriksson M, Brown WT, Gordon LB (2003) Recurrent de novo point mutations in lamin A cause Hutchinson-Gilford progeria syndrome. Nature 423: 293–298.

Eyestone WH (1999) Production of transgenic cattle expressing a recombinant protein in milk. In: Murray JD, Anderson GB, Oberbauer AM, McGloughlin MM: Transgenic animals in agriculture. CAB International.

Falk D (1980) Hominid Brain Evolution: The Approach From Paleoneurology. Yearbk Phys Anthro 23: 93–107.

Falush D, Wirth T, Linz B et al. (2003) Traces of human migrations in Helicobacter pylori populations. Science 299: 1582–1585.

Feany MB, Bender WW (2000) A Drosophila model of Parkinson's disease. Nature 404: 394–398.

Fee E (1979) Nineteenth-Century Craniology: The Study of the Female Skull. Bull Hist Med 53: 415–433.

Ferguson MW, Joanen T (1982) Temperature of egg incubation determines sex in Alligator mississippiensis. Nature 296: 850–853.

Feuser G (1996) „Geistigbehinderte gibt es nicht!" Institut für Erziehungswissenschaft, Universität Innsbruck

Fichte JG (1796) Grundlage des Naturrechtes nach Prinzipien der Wissenschaftslehre.

Fischer CS, Hout M, Jankowski MS et al. (1996) Inequality by design: Cracking the Bell Curve myth. Princeton University Press. Princeton

Flannery KA, Liederman J, Daly L et al. (2000) Male prevalence for reading disability is found in a large sample of black and white children free from ascertainment bias. J Int Neuropsychol Soc 6: 433–442.

Folkert KW, Cort JE (1997) Jainism. In: Hinnells (ed.) A New Handbook of Living Religions. Blackwell Publishing, Oxford.

Formenty P, Boesch C, Wyers M, et al. (1999) Ebola virus outbreak among wild chimpanzees living in a rain forest of Cote d'Ivoire. J Infect Dis 179: S120–126.

Forster G (1786) Noch etwas über die Menschenraßen.

Francoeur RT (1997) The international encyclopedia of sexuality. Continuum, New York.

Fromm E (1956) Die Theorie der Liebe. In: Die Kunst des Liebens. Harper & Row, New York / Ullstein, Berlin.

Furuya HS (1995) Nazi racism toward the Japanese. NOAG 1995. S. 17–67.

Fyfe S, Leonard H, Dye D et al. (1999) Patterns of pregnancy loss, perinatal mortality, and postneonatal childhood deaths in families of girls with Rett syndrome. J Child Neurol 14: 444–445.

Galton F (1865) Hereditary talent and character. Macmillan's Magazine 12: 157–166.

Gao, F, Bailes E, Robertson DL et al. (1999) Origin of HIV-1 in the chimpanzee Pan troglodytes troglodytes. Nature 397: 436–441.

Garlick D (2002) Understanding the nature of the general factor of intelligence: the role of individual differences in neural plasticity as an explanatory mechanism. Psychol Rev 109: 116–136.

Garrod A (1902) The incidence of alcaptonuria: a study in chemical individuality. Lancet 2: 1616–1620.

Gibbons A (1997) Y chromosome shows that Adam was an African. Science 278: 804–805.

Giordano G, Giusti M (1995) Hormones and psychosexual differentiation. Minerva Endocrin 20: 165–193.

Goldman D, Lappalainen J, Ozaki N (1996) Direct analysis of candidate genes in impulsive behaviours. Ciba Found Symp 194: 139–152.

Goleman D (1997) Emotionale Intelligenz. dtv, München.

Goodkind D (1996) On substituting sex preference strategies in East Asia. Popul Devel Rev 22: 111–125.

Gottfredson LS (1998) The general intelligence factor. Scientific American: Exploring Intelligence, pp. 24–29.

Gouchie C, Kimura D (1991) The relationship between testosterone levels and cognitive ability patterns. Psychoneuroendocrinology 16: 323–334.

Gould SJ (1980) Piltdown Revisited. National History Magazine, Aug. 1980: 8–12.

Gould SJ (1981) The Mismeasure of Man. W. W. Norton.

Graf J (1939) Vererbungslehre, Rassenkunde und Erbgesundheitspflege. S. 316–322. Lehmanns Verlag, München

Gray MW (1999) Evolution of organellar genomes. Curr Opin Genet Dev 9: 678–687.

Grech V, Vassallo-Agius P, Saxona-Ventura C (2003) Secular trends in sex ratios at birth in North America and Europe over the second half of the 20th century. J Epidemiol Commun Health 57: 612–615.

Gur RC, Alsop D, Glahn D et al. (2000) An fMRI study of sex differences in regional activation to a verbal and a spatial task. Brain Lang 74: 157–170.

Gur RC, Turetsky BR, Matsui M et al. (1999) Sex differences in brain gray and white matter in healthy young adults: correlations with cognitive performance. J Neuroscience 19: 4065–4072.

Haeckel E (1868) Natürliche Schöpfungsgeschichte, Neunter Vortrag.

Haga SB, Khoury MJ, Burle W (2003) Genomic profiling to promote a healthy lifestyle: not ready for prime time. Nature Genet 34: 347–350.

Hamer DH et al. (1993) A linkage between DNA markers on the X chromosome and male sexual orientation. Science 261: 321–327

Hampson E (1990) Variations is sex-related cognitive abilities across the menstrual cycle. Brain Cogn 14: 26–43.

Hartl DL (2000) Molecular melodies in high and low C. Nature Rev Genet 1: 145–149.

Helleday J, Bartfai A, Ritzen M et al. (1994) General intelligence and cognitive profile in women with congenital adrenal hyperplasia (CAH). Psychoneuroendocrinology 19: 343–356.

Henn W (1998) Predictive diagnosis and genetic screening: manipulation of fate? Persp Biol Med 41: 282–289.

Henn W (2000) Consumerism in prenatal diagnosis: a challenge for ethical guidelines. J Med Ethics 26: 444–446.

Henn W (2001) Sind wir alle erbkrank? Universitas 56: 266–274.

Henn W, Babo M, Böcher UP et al. (2001) Embryonenschutz: Keine Entscheidung ohne qualifizierte Beratung. Dt Ärztebl 98: A2088-A2089.

Henn W, Schroeder-Kurth T (1999) Die Macht des Machbaren. Dt Ärztebl 96: A1555-A1556.

Herrnstein RJ, Murray C (1994) The Bell Curve. Intelligence and class structure in American Life. Free Press, New York.

Hill AF, Desbruslais M, Joiner S, et al. (1997) The same prion strain causes vCJD and BSE. Nature 389: 448–450.

Hoedemaekers R, ten Have H (1999) The concept of abnormality in medical genetics. Theor Med Bioeth 20: 637–561.

HUGO: Human Genome Organization Ethics Committeee (2000) Genetic benefit sharing. Science 290: 49.

Hurst LD, Ellegren H (2002) Mystery of the mutagenic male. Nature 420: 365 – 366.

Huschke E (1854) Schädel, Hirn und Seele des Menschen und der Thiere nach Alter, Geschlecht und Race, dargestellt nach neuen Methoden und Untersuchungen.

Ironside JW (2000) Pathology of variant Creutzfeldt-Jakob disease. Arch Virol Suppl 16: 143–151.

Issinger OG (1993) Casein kinases: pleiotropic mediators of cellular regulation. Pharmacol Ther 59: 1–30.

Jablonski N, Chaplin G (2002) Skin deep. Sci Am 287: 74–81.

Jablonski NG, Chaplin G (2000) The evolution of human skin coloration. J Hum Evol 39: 57–106.

Jagell S, Gustavson KH, Holmgren G (1984) Sjögren-Larsson syndrome. A clinical, genetic and epidemiological study. Clin Genet 19: 233–256.

Jaspers K (1967) Schicksal und Wille. Verlag-Piper, München.

Jenner E (1798) An inquiry into the causes and effects of the Variolae Vaccinae, a disease discovered in some of the western counties of England, particularly Gloucestershire, and known by the name of the cow-pox.

Jenner E (1801) The origin of the vaccine inoculation.

Johanson D, Edey M (1981) Lucy: The Beginnings of Humankind. Touchstone, New York.

Johnston MV, Nishimura A, Harum K et al (2001) Sculpting the human brain. Adv Pediatr 48: 1–38.

Jonas H (1979) Das Prinzip Verantwortung. Suhrkamp, Frankfurt.

Kamprad B, Schiffels W (Hrsg.) (1991) Im falschen Körper. Alles über Transsexualität. Kreuz-Verlag, Zürich.

Kant I (1775) Von den verschiedenen Rassen des Menschen.

Kant I (1785) Grundlegung zur Metaphysik der Sitten.

Kant I (1798) Anthropologie in pragmatischer Hinsicht.

Karafet TM, Zegura SL, Posukh O et al. (1999) Ancestral Asian source(s) of new world Y-chromosome founder haplotypes. Am J Hum Genet 64: 817–831.

Katzman E (1994) Apolipoprotein E and Alzheimer's disease. Curr Opin Neurobiol 4: 703–707.

Kawata M, Yuri K, Ozawa H et al. (1998) Steroid hormones and their receptors in the brain. J Steroid Biochem Mol Biol 65:273–280

Kelley RI, Robinson D, Puffenberger EG et al. (2002) Amish lethal microcephaly: a new metabolic disorder with severe congenital microcephaly and 2-ketoglutaric aciduria. Am J Med Genet 112: 318–326.

Kidd KK (2000) Zit. nach Wheen F The „science" behind racism. The Guardian, May 10, 2000.

Kimura D (1996) Sex, sexual orientation and sex hormones influence human cognitive function. Curr Opin Neurobiol 6: 259–263.

Kimura D, Hampson E (1994) Cognitive pattern in men and women is influenced by fluctuations in sex hormones. Curr Direct Psychol Sci 3: 57–61.

Kirchhoff A (1897) Die Akademische Frau. Gutachten hervorragender Universitätsprofessoren, Frauenlehrer und Schriftsteller über die Befähigung der Frau zum wissenschaftlichen Studium und Berufe.

Klein RG (2003) Whither the Neanderthals? Science 299: 1525–1527.

Kommission für Öffentlichkeitsarbeit und ethische Fragen der Gesellschaft für Humangenetik (1990) Erklärung zur pränatalen Geschlechtsdiagnostik. Med Genetik 2/2–3: 8.

Kress H (2000) Menschenwürde vor der Geburt. In; Kress H, Kaatsch HJ (2000) Menschenwürde, Medizin und Bioethik. Lit-Verlag, Münster.

Krings M, Geisert H, Schmitz RW et al. (1999) DNA sequence of the mitochondrial hypervariable region II from the neandertal type specimen. Proc Natl Acad Sci USA 96: 5581–5585.

LaFollette H, Shanks N (1996) The origin of speciesism. Philosophy 71: 41–61.

La Peyrère I (1655) Prae-Adamitae.

Lavater JK (1781) Essai sur la physionomie.

Lenhoff HM, Wang P, Greenberg F et al. (1998) Willams-Beuren-Syndrom und Hirnfunktionen. Spektrum Wissensch 2/98: 62–68.

Levin I (1978) The boys from Brazil. Random House Publishers. New York

Li HJ, Zhao XN, Qin F et al. (1990) Abnormal hemoglobins in the Silk Road region of China. Hum Genet 86: 231–235.

Lorenz K (1963) Das sogenannte Böse. Borotha-Schoeler, Wien.

Lynch HT, Watson P, Narod SA (1999) The genetic epidemiology of male breast carcinoma. Cancer 86: 744–146.

Lynn R (1994). Some reinterpretations of the Minnesota transracial adoption study. Intelligence 19: 21–27.

Malakoff D (2000) The rise of the mouse, biomedicine's model mammal. Science 288: 248–253.

Marshall E (1997) The mouse that prompted a roar. Science 277: 24–25.

Massung RF, Esposito JJ, Liu LI et al. (1993) Potential virulence determinants in terminal regions of variola smallpox virus genome. Nature 366: 748–750.

Mayer J, Meese EU (2002) The human endogenous retrovirus family HERV-K (HML-3). Genomics 80: 331–343.

McGivern RF, Huston JP, Byrd D et al. (1997) Sex differences in visual recognition memory: support for a sex-related difference in attention in adults and children. Brain Cogn 34: 323–336.

Merian MS (1679) Der Raupen wunderbare Verwandlung und sonder-
bare Blumennahrung.

Michelmann HW, Gratz G, Hinney B (2000) X-Y sperm selection: fact
or fiction? Hum Reproduct Genet Ethics 6: 32–38.

Middleton A, Hewison J, Mueller RF (1998) Attitudes of deaf adults
toward genetic testing for hereditary deafness. Am J Hum Genet
63: 1175–1180.

Miller A (1979) Das Drama des begabten Kindes. Suhrkamp, Frankfurt.

Miller RV (1998) Bacterial gene swapping in nature. Scientific American 1/98: 46.

Mimura G, Murakami K, Gushiken M (1992) Nutritional factors of
longevity in Okinawa – present and future. Nutr Health 8:
159–163.

Möbius PJ (1900) Über den physiologischen Schwachsinn des Weibes.
Marhold, Halle.

Mogilner A, Otten M, Cunningham JD et al. (1998) Awareness and attitudes concerning BRCA gene testing. Ann Surg Oncol 5:
607–612.

Morton SG (1839) Crania Americana: or, Comparative view of the
skulls of various aboriginal nations of North & South America.

Müller-Seidel W (1999) Alfred Erich Hoche. C. H. Beck Verlag, München.

Mustanski BS, Chivers ML, Bailey JM (2002) A critical review of re-
cent biological research on human sexual orientation. Annu Rev
Sex Res 13: 89–140.

Mutter GL (1997) Role of imprinting in abnormal human development. Mutat Res 396: 141–147.

Nathanson N, Hirsch VM, Mathieson M (1999) The role of nonhu-
man primates in the development of an AIDS vaccine. AIDS 13
Suppl A: S113–120.

National Academy of Sciences of the USA (1992) Conserving Biodi-
versity: A research agenda for development agencies. National
Academy Press, Washington.

Nietzsche F (1883) Von alten und jungen Weiblein. In: Also sprach
Zarathustra, Erster Teil.

Osborn HF (1926) Evolution and Religion in Education: Polemics of
the Fundamentalist Controversy of 1922 to 1926. New York.

Osborn HF (1928) Eoanthropus: The Dawn Man of Piltdown, Sussex.
In: Man Rises to Parnassus.

Parazzini F, Machini M, Luchini L et al. (1995) Tight underpants and
trousers and rick of dyspermia. In J Androl 18; 137–140.

Partridge L, Gems D (2002) A lethal side-effect. Nature 418: 921.

Pasvol G, Weatherall DJ, Wilson RJ (1978) Cellular mechanism for the protective effect of haemoglobin S against P. falciparum malaria. Nature 274: 701–703.

Pauer HU, von Beust G, Bartels I (1999) Zytogenetische Ursachen von Aborten. Reproduktionsmedizin 15: 124–132.

Peeters M, Courgnaud V, Abela B et al. (2002) Risk to human health from a plethora of simian immunodeficiency viruses in primate bushmeat. Emerg Infect Dis 8: 451–457.

Peng GS, Wang MF, Chen CY et al. (1999) Involvement of acetaldehyde for full protection against alcoholism by homozygisity of the variant allele of aldehyde dehydrogenase in Asians. Pharmacogenetics 9: 463–476.

Penney JB, Young AB, Shoulson I (1990) Huntington's disease in Venezuela: 7 years of follow-up on symptomatic and asymptomatic individuals. Mov Disord 5: 93–99

Phelps CJ, Koike C, Vaught TD et al. (2003) Production of alpha 1,3-galactosyltransferase-deficient pigs. Science 299: 411–414.

Pier GP, Grout M. Zaidi T et al. (1998) Salmonella typhi uses CFTR to enter intestinal epithelial cells. Nature 393: 79–82.

Ploetz A (1895) Grundlinien einer Rassenhygiene.

Plomin R (1999) Genetics of childhood disorders: III. Genetics and intelligence. J Am Acad Child Adolesc Psychiat 38: 768–88.

Plomin, R, DeFries JC (1998) The genetics of cognitive abilities and disabilities. Sci Am 5: 62–69.

Ponting CP (2001) Plagiarized bacterial genes in the human book of life. Trends Genet 17: 235–237

Post SG (1993) The emergence of species impartiality: a medical critique of biocentrism. Persp Biol Med 36: 289–300.

Potts DM, Potts WTW (1999) Queen Victoria's gene. Sutton Publishers, London.

Propping P (1989) Psychiatrische Genetik. Springer, Heidelberg.

Poulain de la Barre F (1673) De l'égalité des deux sexes, discours physique et moral où l'on voit l'importance de se défaire des préjugés.

Puca AA, Daly MJ, Brewster S et al. (2001) A genome-wide scan for linkage to human exceptional longevity identifies a locus on chromosome 4. Proc Natl Acad Sci USA 98: 10505–10508.

Quintana-Murci L, Wells S, Chaix R et al (2002) Mitochondrial DNA phylogeography and population history of West, South and Central Asia. Human Gene Mapping 2002: 573.

Quist D, Chapela IH (2001) Transgenic DNA introgressed into traditional maize landraces in Oaxaca, Mexico. Nature 414: 541–543.

Raymond CS, Murphy MW, O'Sullivan MG et al. (2000) Dmrt1, a gene related to worm and fly sexual regulators, is required for mammalian testis differentiation. Genes Dev 14: 2587–2595.

Reuning H (1988) Testing Bushmen in the Central Kalahari. In: Irvine SH, Berry JW (eds) Human Abilities in Cultural Context. Cambridge University Press, Cambridge MA

Rose R (Hrsg.) (1999) Der nationalsozialistische Völkermord an den Sinti und Roma. Verlag Das Wunderhorn, Heidelberg.

Rosenberg NA, Pritchard JK, Weber JL et al. (2002) Genetic Structure of Human Populations. Science 298: 2381–2385.

Rousseau JJ (1762) Émile ou de l' éducation, 5ème livre.

Rowe DC (1997) A place at the policy table? Behavior genetics and estimates of family environmental effects on IQ. Intelligence 24: 133–158.

Russo C, Schettini G, Saido T, et al. (2000) Presenilin-1 mutations in Alzheimer's disease. Nature 405: 531–532.

Saltin B, Kim CK, Terrados N, Larsen H et al (1995) Morphology, enzyme activities and buffer capacity in leg muscles of Kenyan and Scandinavian runners. Scand J Med Sci Sports 5: 222–230.

Sandberg AA (1990) The chromosomes in human cancer and leukemia, 2nd ed. Elsevier, New York.

Scarr S, Weinberg RA (1976). IQ scores of black children adopted by white families. American Psychologist 31: 726–739.

Schlegel F (1808) Zur Sprache und Weisheit der Indier.

Schopenhauer A (1850) Über die Weiber. In: Parerga und Paralipomena.

Schulte-Korne G, Grimm T, Nöthen M et al. (1998) Evidence for linkage of spelling disability to chromosome 15. Am J Hum Genet 63: 279–282.

Schulz T, Degen G, Foth H et al. (2002) Zur Bedeutung von genetischen Polymorphismen von Fremdstoff-metabolisierenden Enzymen in der Toxikologie. Umweltmed Forsch Prax 4: 232–246.

Schweizer G (1999) Aus purer Lust. ZEIT Nr. 33, S. 29.

Semino O, Passarino G, Oefner PJ et al. (2000) The genetic legacy of paleolithic Homo sapiens in extant Europeans: A Y chromosome perspective. Science 290: 1155–1159.

Shalev RS, Auerbach J, Manor O et al. (2000) Developmental dyscalculia: prevalence and prognosis. Eur Child Adolesc Psychiatry Suppl 2: 58–64.

Shermer M (2002) Shermer's last law. Sci Am 1/2002: 31.

Shingo T, Gregg C, Enwere E et al. (2002) Pregnancy-stimulated neurogenesis in the adult female forebrain mediated by prolactin. Science 299: 32–34.

Singer P (1975) Animal liberation. Avon Books, New York.

Singer P (1979) Praktische Ethik. 2. Aufl. 1994. Reclam, Stuttgart.

Singer P (1981) The expanding circle: Ethics and sociobiology. Avon Books, New York.

Solomon A (1994) Defiantly Deaf. The New York Times Magazine, 28. August 1994.

Spande TF, Garraffo HM, Edwards, MW et al (1992) Epibatidine: A novel (chloropyridyl)azabicycloheptane with potent analgesic activity from an Ecuadoran poison frog. J Am Chem Soc 114: 3475–3478.

Spearman C (1927) The Abilities of Man. Macmillan, London.

Spengler O (1918) Der Untergang des Abendlandes. Umrisse einer Morphologie der Weltgeschichte. C. H. Beck, München.

Stevenson RE, Schwartz CE (2002) Clinical and molecular contributions to the understanding of X-linked mental retardation. Cytogenet Genome Res 99: 265–275.

Stewart G (1998) Chemokine genes – beating the odds. Nature Med 4: 275–277.

Stoneking M (1998) Women on the move. Nature Genet 20: 219–220.

Stoneking M, Soodyall H (1996) Human evolution and the mitochondrial genome. Curr Opin Genet Dev 6:731–736.

Struewing JP, Hartge P, Wacholder S et al. (1997) The risk of cancer associated with specific mutations of BRCA1 and BRCA2 among Ashkenazi Jews. N Engl J Med 336: 1401–1408.

Tatum EL, Lederberg J (1947) Gene Recombination in the Bacterium Escherichia Coli. J Bacteriol 53: 673–684.

Teilhard de Chardin P (1939) Der Mensch im Kosmos / Le phénomène humain.

Tobacco use as drug addiction. In: The health consequences of smoking. Centers for disease control, Washington 1988.

Tournamille C, Colin Y, Cartron JP, Le Van Kim C (1995) Disruption of a GATA motif in the Duffy gene promoter abolishes erythroid gene expression in Duffy-negative individuals. Nat Genet 10: 224–228.

Trappe, R.; Laccone, F.; Cobilanschi, et al. (2001) MECP2 mutations in sporadic cases of Rett syndrome are almost exclusively of paternal origin. Am J Hum Genet 68: 1093–1101.

Underhill PA, Shen P, Lin AA et al. (2000) Y chromosome sequence variation and the history of populations. Nature Genet 26: 358–361.

Van Cleemput P, Parry g (2001) Health status of Gypsy Travellers. J Public Health Med 23: 129–134.

van Doorninck JH. French PJ, Verbeek E et al. (1995) A mouse model for the cystic fibrosis delta F508 mutation. EMBO J 14: 4403–4411.

Velculescu VE, Madden SL, Zhang L et al. (1999) Analysis of human transcriptomes. Nature Genet 23: 387–388.

Virchow R (1856) Das Weib und die Zelle.

Vogt C (1864) Lectures on man, his place in creation, and the history of the earth.

Vollmann J, Ruckenbauer P (1997) Von Gregor Mendel zur Molekulargenetik in der Pflanzenzüchtung – ein Überblick. Die Bodenkultur / Austrian Journal of Agricultural Research 48: 53–65.

Voltaire (1756) Essai sur les moeurs et de l'esprit des nations. 1: Philosophie de l'histoire.

Von Bischoff TLW (1872) Das Studium und die Ausübung der Medicin durch Frauen.

Von der Grün M (1995) Wie war das eigentlich? Kindheit und Jugend im Dritten Reich. Deutscher Taschenbuchverlag, München.

Waldeyer W (1888) Ueber Karyokinese und ihre Beziehungen zu den Befruchtungsvorgängen. Archiv Mikr Anat 32: 1–22.

Waldeyer W (1890) Die Hirnwindungen des Menschen. Verh. d. int. Congresses zu Berlin.

Ward O (1998) John Langdon Down. A caring pioneer. RSM Press, London.

Watson JD (1968) The double helix. Athenaeum, New York.

Weber M (1918) Wissenschaft als Beruf. Vortrag vor Studierenden, München.

Weber MM (1993) Ernst Rüdin. Eine kritische Biographie. Springer, Heidelberg.

Weinberg W (1910) Statistik und Vererbung in der Psychiatrie. Klinik für psychische und nervöse Krankheiten. 5: 34–43.

Wells MJ (1978) Octopus. Physiology and Behaviour of an Advanced Invertebrate. Chapman and Hall, London.

Wildman DE, Uddin N, Liu G, et al. (2003) Implications of natural selection in shaping 99.4 % nonsynonymous DNA identity between humans and chimpanzees: Enlarging genus Homo. Proc Natl Acad Sci USA 100: 7181–7188.

Williams A, Rayson, MP, Jubb M et al. (2000) The ACE gene and muscle performance. Nature 403: 614.

Wilmut I, Schnieke A, McWhir J, Kind AJ, Campbell KHS (1997) Viable offspring derived from fetal and adult mammalian cells. Nature 385: 810–813.

Wilson JD (2001) Androgens, androgen receptors, and male gender role behavior. Horm Behav 40: 358–366.

Witt I (1998) APC-Resistenz (Faktor-V-Mutation). Dt Ärztebl 95: A2316-A2323.

Ye X, Al-Babili S, Kloti A, Zhang J, Lucca P, Beyer P, Potrykus I (2000) Engineering the provitamin A (beta-carotene) biosynthetic pathway into [carotenoid-free] rice endosperm. Science 287: 303–305.

Yoshioka M, Yorifuji T, Mituyoshi I (1998) Skewed X inactivation in manifesting carriers of Duchenne muscular dystrophy. Clin Genet 53: 102–107.

Zang K, Henn W (2001) Der geklonte Mensch – ein Individuum? In: Van Dülmen R (Hrsg.) Entdeckung des Ich. Geschichte der Individualisierung vom Mittelalter bis zur Gegenwart, S. 583–592. Böhlau Verlag, Köln.

Zerjal T, Xue Y, Bertorelle g et al. (2003) The genetic legacy of the Mongols. Am J Hum Genet 72: 717–721.

Zihlman AL, Cohn BA (1988) The adaptive response of human skin to the savanna. Hum Evol 3: 397–409.

Konkret

Dietmar Mieth
Die Diktatur der Gene
Biotechnik zwischen Machbarkeit und Menschenwürde
Hg. von Thomas Brose/Susanne Schmidt
Band 5204
Ein Plädoyer für einen verantwortungsbewussten Umgang mit dem, was Menschen können und für eine Ethik, die vor den komplexen Problemen nicht abdankt.

Thea Bauriedl
Leben in Beziehungen
Von der Notwendigkeit, Grenzen zu finden
Band 4483
Ein Buch, das klarmacht, wo die Bedingungen und Möglichkeiten liegen, Beziehungen von Anfang an zu pflegen und zu verbessern.

Arno Gruen/Doris Weber
Hass in der Seele
Verstehen, was uns böse macht
Band 5154
Gruen erläutert seine Thesen anhand der aktuellen Gewalt von rechts und zeigt Wege aus dem Hass auf.

Hans Küng
Wozu Weltethos?
Religion und Ethik in Zeiten der Globalisierung
Band 5227
Hans Küng entwirft konkrete Ideen für die Zukunft der Religionen und der Menschheit.

Hans Maier
Wie universal sind die Menschenrechte?
HERDER spektrum Band 4557
Ein kontroverses Thema, geklärt im Blick auf die Geschichte und heutige Interessenkonflikte.

HERDER spektrum

Kunst des Lebens

Gerd B. Achenbach
Lebenskönnerschaft
Band 5123
Worauf es ankommt, sind die existenziellen Herausforderungen und das Wissen, was wirklich wichtig ist.

Gerd B. Achenbach
Vom Richtigen im Falschen
Wege philosophischer Lebenskönnerschaft
Band 5270
Lebenskönner besinnen sich auf das, was bei existentiellen Lebensproblemen hilft. In exemplarischen Geschichten zeigt Achenbach, wie das geht.

Hans-Peter Dürr/Marianne Oesterreicher
Wir erleben mehr als wir begreifen
Quantenphysik und Lebensfragen
Band 4847
Wie sprechen wir über das, was Wissenschaft nicht fassen kann? Was bedeuten Identität und Verantwortung? Eine spannende Begegnung.

Erich Fromm
Authentisch leben
Hg. von Rainer Funk
Band 4839
Wissen, was die eigene Person ausmacht, sich nicht von außen leiten lassen, sondern das Leben bewusst aus eigenen Quellen gestalten.

Erich Fromm
Die Kunst des Lebens
Zwischen Haben und Sein
Hg. von Rainer Funk
Band 4917
Ein lebenspraktisches Buch über die Kunst, tiefer zu leben.

HERDER spektrum